渤海山东海域海洋保护区生物多样性图集

—— 第五册 ——

常见游泳动物

王茂剑　刘爱英　主编

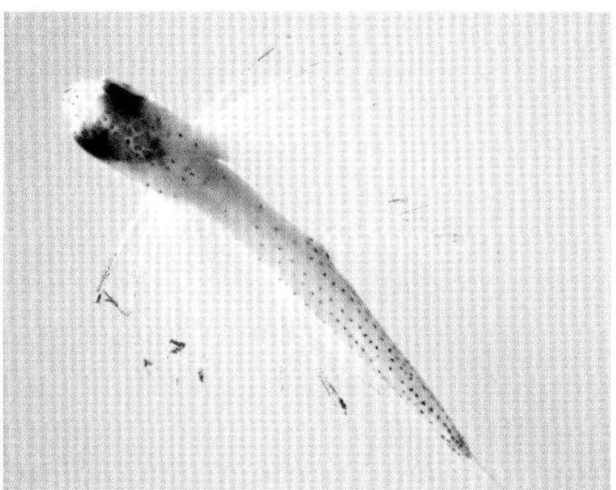
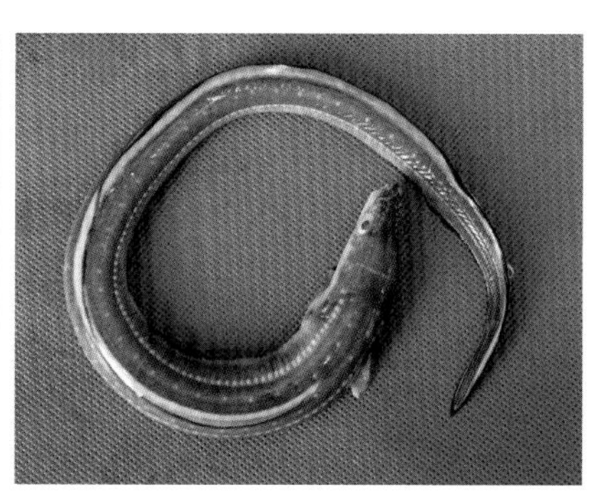

BOHAI SHANDONG HAIYU HAIYANG BAOHUQU
SHENGWU DUOYANGXING TUJI

CHANGJIAN YOUYONG DONGWU

海洋出版社

2017年・北京

图书在版编目(CIP)数据

渤海山东海域海洋保护区生物多样性图集. 常见游泳动物 / 王茂剑，刘爱英主编. — 北京：海洋出版社，2017.11
ISBN 978-7-5027-9989-2

Ⅰ. ①渤… Ⅱ. ①王… ②刘… Ⅲ. ①渤海－自然保护区－生物多样性－山东－图集②渤海－水生动物－生物多样性－山东－图集 Ⅳ. ①Q16-64②Q958.885.3-64

中国版本图书馆CIP数据核字(2017)第305366号

责任编辑：杨传霞　赵　娟
责任印制：赵麟苏

海洋出版社 出版发行
http://www.oceanpress.com.cn
北京市海淀区大慧寺路 8 号　邮编：100081
北京朝阳印刷厂有限责任公司印刷　新华书店北京发行所经销
2017年11月第1版　2017年11月第1次印刷
开本：889mm×1194mm　1/16　印张：12.75
字数：320千字　定价：118.00元
发行部：010-62132549　邮购部：010-68038093　总编室：010-62114335

《渤海山东海域海洋保护区生物多样性图集 常见游泳动物》编委会

前　言

渤海是我国的内海，通过渤海海峡与黄海相通。辽河、滦河、海河、黄河等众多河流的汇入，为渤海带来了丰富的营养物质，众多海洋生物在此栖息繁殖，生物多样性极为丰富。为保护众多珍稀濒危海洋生物和栖息环境，渤海海域建立了众多的海洋保护区，截至 2015 年年底，渤海山东海域内共有国家级海洋保护区 13 处，其中海洋自然保护区 1 处、海洋特别保护区 9 处、海洋公园 3 处，总面积约 23 万公顷，占全省海洋保护区总面积的 36%。海洋保护区的建设，既可以有效地防止对海洋的过度破坏，促进海洋资源的可持续利用，维护自然生态的动态平衡，保持物种的多样性和群体的天然基因库；也可以保护珍稀物种和濒危物种免遭灭绝，保护特殊、有价值的自然人文地理环境，为考证历史、评估现状、预测未来提供研究基地。

渤海山东海域海洋保护区众多，为系统、全面地了解各保护区海洋环境和保护物种现状，由山东省海洋环境监测中心牵头，滨州、东营、潍坊和烟台等海洋环境监测和预报中心配合，历时四年对渤海海域内山东省国家级海洋保护区生物多样性开展了本底调查，首次系统编写了保护区内常见的陆生植被、鸟类、海洋生物、底栖生物和游泳动物等生物多样性系列图集。本系列图集的出版，不仅为保护区能力建设和保护提供了基本资料，还可作为科研人员进行物种鉴定的参考书。

本系列图集共 5 册，其中常见游泳动物图集为第五册。该图集共调查和拍摄渤海山东海洋保护区内常见游泳生物121种，隶属于3门4纲19目68科106属。其中鱼类80种，隶属于1门2纲14目44科71属；甲壳类37种，隶属于1门1纲2目21科32属；头足类4种，隶属于1门1纲3目3科3属。该图集图文并茂，重点介绍了渤海山东海域常见游泳动物的分类学地位、主要识别特征和地理分布，每个物种均以多张图片进行展示，部分典型游泳动物物种进行了视频拍摄，读者可扫描书中二维码进行查阅。

本图集的编写和出版得到山东省渤海海洋生态修复及能力建设项目、山东省科技发展计划（2014GSF117030）、海洋公益性行业科研专项经费项目（201405010）、山东省农业良种工程项目（水产经济生物种质资源收集、保护与评价）和山东省海洋生态修复重点实验室等项目的资助，在此表示衷心感谢。常见游泳动物图集物种和文字校准得到中国水产科学研究院黄海水产研究所单秀娟研究员和山东省海洋资源与环境研究院马建新研究员热心指导，谨致谢忱。

本图集编写过程中游泳动物识别特征主要参考了《中国北部经济虾类》《黄渤海鱼类调查报告》《黄渤海鱼类图志》《中国海洋鱼类》《黄渤海区渔业资源调查与区划》《中国北部海洋无脊椎动物》《中国动物图谱　甲壳动物》和《鱼类分类学》等专著，游泳动物种名和拉丁名参照刘瑞玉主编的《中国海洋生物名录》、国际通用的Fish Base数据库（http://www.fishbase.org）和Sealife Base数据库（http://www.sealifebase.org），在此表示诚挚的感谢。

由于编者水平和时间条件限制，本图集难免存在缺点和错误，诚恳希望专家和读者给予批评指正。

编　者

2016年8月

目　录

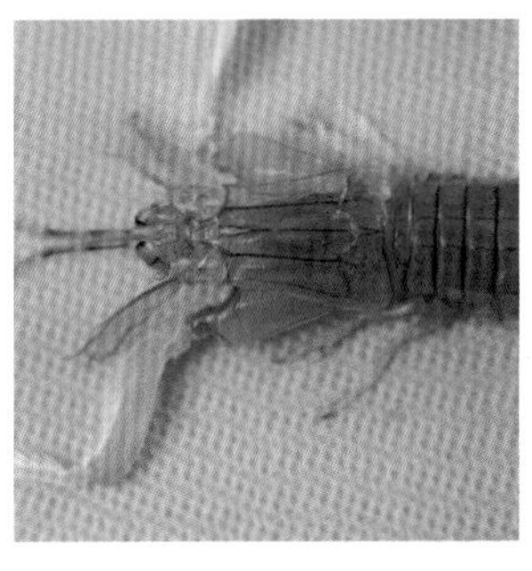

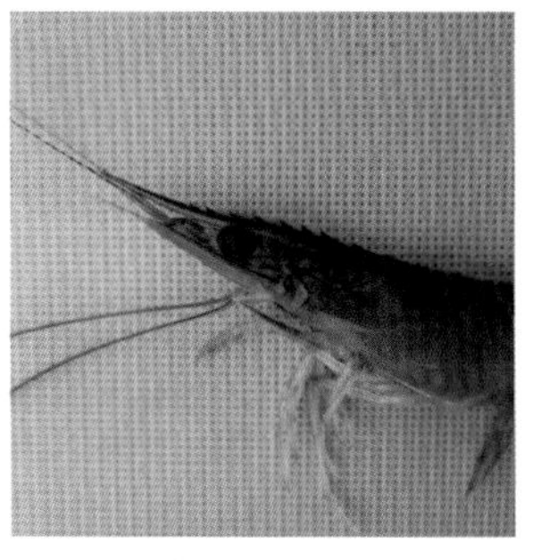
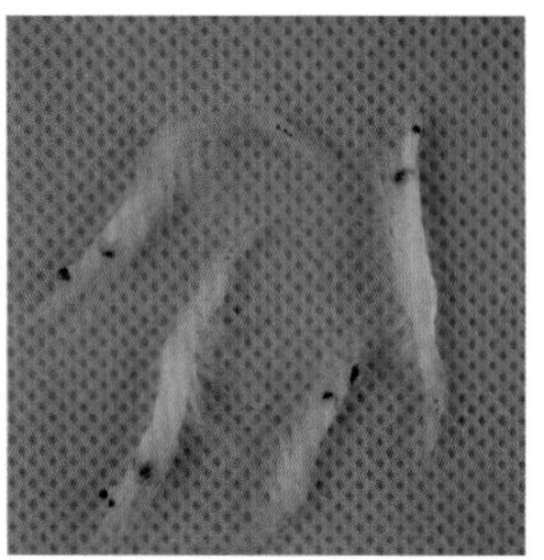

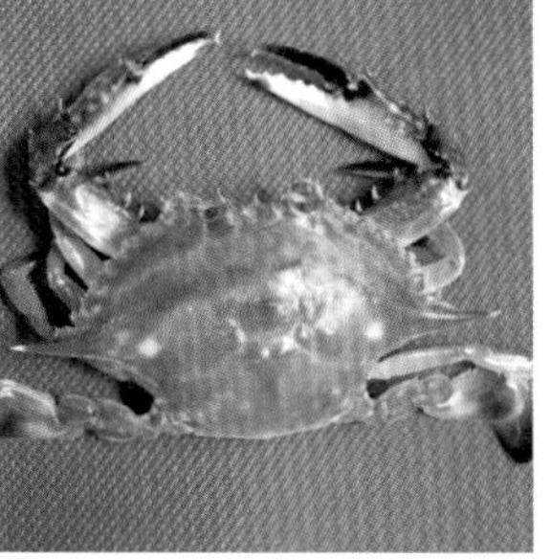

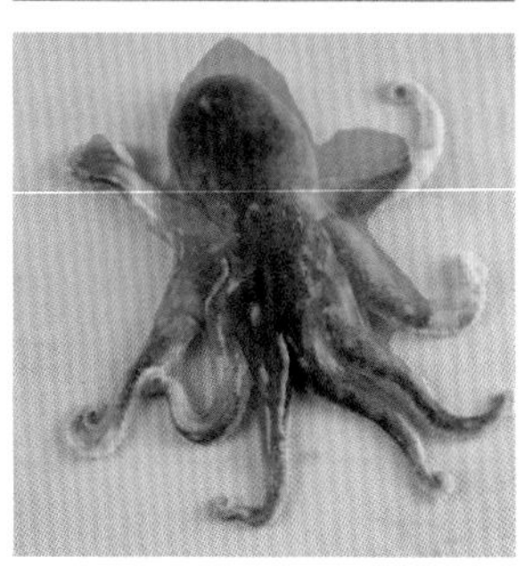

鳐科 Rajidae

软骨鱼类，体平扁，体盘亚圆形或近菱形，尾部棍状，无刺。体表有瘤状突起或小刺。眼与喷水口位于头的背面。口腹位，口小、横平。齿小、数量多，呈铺石状。前鼻瓣宽大，伸达下颌外侧，后鼻瓣前半部分呈半环形，突出于外侧。雌雄异形，雌性个体明显大于雄性个体，雄性齿具一尖突，雌性齿稍突或平。背鳍2个，位于尾后端。胸鳍前缘与头及体侧愈合。腹鳍外缘有缺刻，前部分化为足趾状构造。尾鳍具侧褶。

我国发现3属约20种，山东渤海海域发现1属1种。

孔鳐 *Raja porosa*

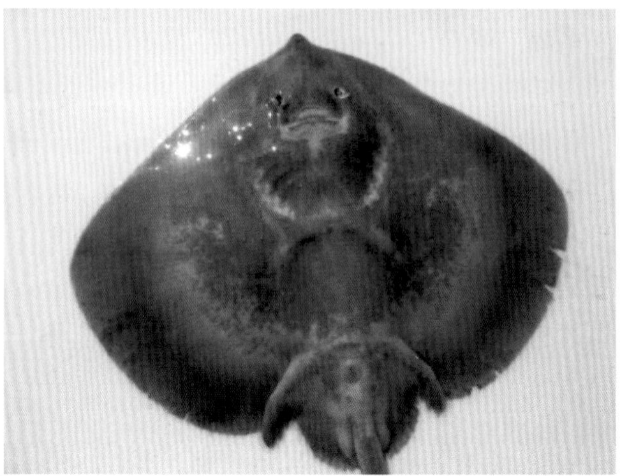

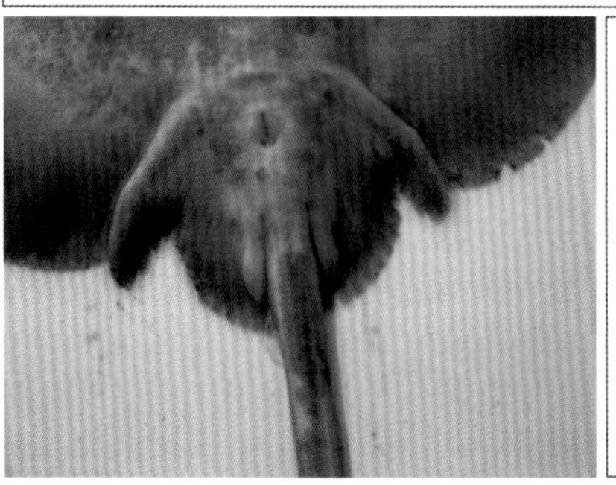

中文种名：孔鳐

拉丁学名：*Raja porosa*

分类地位：脊索动物门 / 软骨鱼纲 / 鳐形目 / 鳐科 / 鳐属

识别特征：体平扁，近斜方形。体被呈褐色，体盘四周色稍淡。腹面有许多小黑点，以口周围居多。口大，横裂形，位于腹面。鼻孔很大，位于口前，鼻瓣 1 对，向后伸至口角。被腹面光滑，但背面吻软骨上及体盘前缘具许多小刺。雄性体盘前缘与体最宽处侧缘密生小刺。眼内缘有 1 行瘤状突起，沿背中线在喷水孔后方具 2 ～ 3 个瘤状突起。尾部背面，雄性具 3 行、雌性具 5 行瘤刺，以中间行最小。胸鳍较宽。腹鳍后角，大于前角，后缘有深凹，并有小缺刻。背鳍 2 个，位于尾部。尾粗而扁，有侧褶，尾鳍较小。

主要分布：渤海、黄海、东海及朝鲜半岛、日本海域。

照片来源：拍摄样本采集于山东近岸渤海海洋保护区。

鳗鲡科 Anguillidae

体细长，前部圆筒状，后部侧扁。鳞小，埋于皮下，呈席纹状排列。具侧线。眼覆以透明皮。前鼻孔具短管，后鼻孔裂缝状。口裂微斜或近水平。唇厚。舌前端及两侧不附于口底。齿细小，尖锐。两颌齿及犁骨齿带状排列。鳃孔狭窄，位于胸鳍前下方。肛门位于身体前半部。背鳍始于肛门上方，或前、后方，距离头部较远。背鳍、臀鳍、尾鳍相连。各鳍均无鳍棘。

我国发现 1 属 2 种，山东渤海海域发现 1 属 1 种。

日本鳗鲡 *Anguilla japonica*

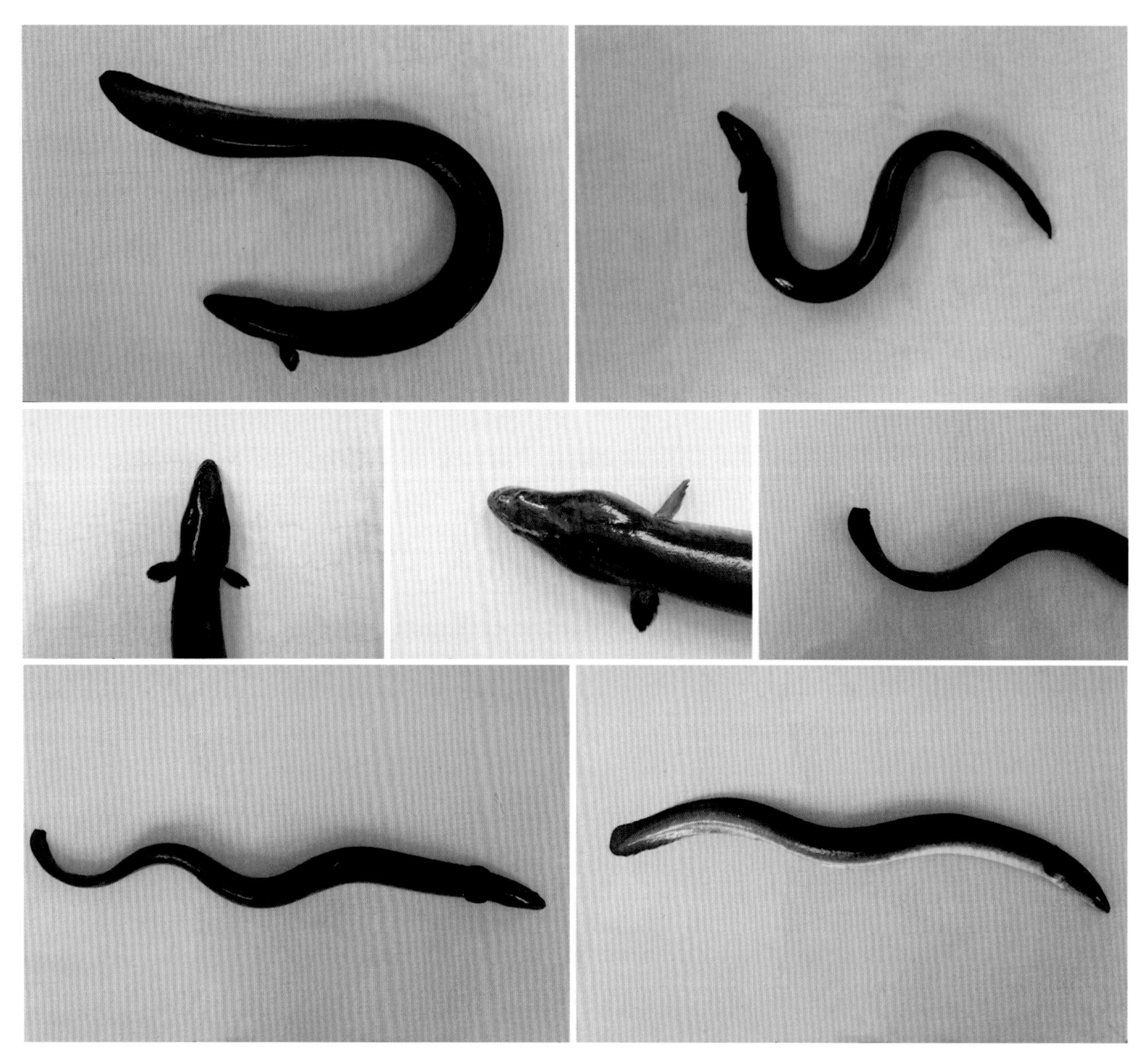

中文种名： 日本鳗鲡

拉丁学名： *Anguilla japonica*

分类地位： 脊索动物门 / 辐鳍鱼纲 / 鳗鲡目 / 鳗鲡科 / 鳗鲡属

识别特征： 体细长，前部圆筒状，后部侧扁。体被小细鳞，鳞埋于皮下。侧线完全。背侧浅棕灰色，腹下侧淡黄色，尾部相连处边缘暗黑色。眼埋于皮下。口裂微斜。具唇。齿细小，尖锐。鳃孔位于胸鳍前下方。背鳍始于头部远后方，起点距肛门较距鳃孔近，背鳍、臀鳍起点间距小于头长，但大于头长的 1/2。胸鳍短，浅黄或淡白色。腹鳍消失。背鳍、臀鳍、尾鳍相连。海水中产卵，溯河到淡水中生长，成熟后又回到海水中产卵。

主要分布： 渤海、黄海、东海、南海及朝鲜半岛海域、日本北海道至菲律宾间西太平洋水域的沿海河口、通海江河湖泊。

照片来源： 拍摄样本采集于山东近岸渤海海洋保护区。

康吉鳗科 Congridae

体长筒状。尾部长，大于头与躯干长度之和。无鳞。侧线明显。头中等大。吻突出。两颌、颌间骨部及犁骨部均具齿。舌游离，不附于口底。前鼻孔近吻端，后鼻孔近眼前缘。鳃孔分离。背鳍、臀鳍、尾鳍相连，各鳍均无鳍棘。

我国发现 15 属 24 种，山东渤海海洋保护区海域发现 1 属 1 种。

星康吉鳗 *Conger myriaster*

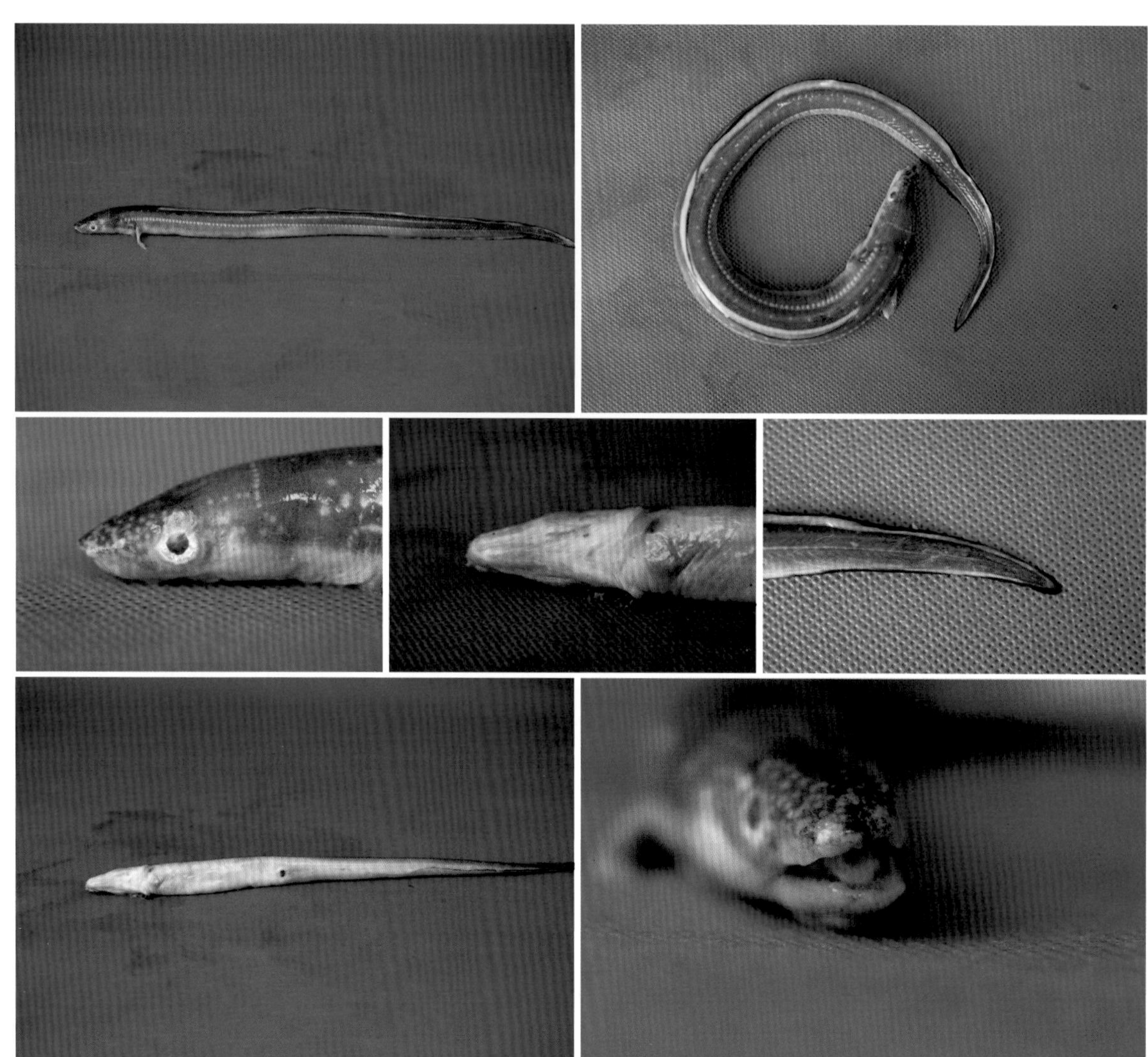

中文种名： 星康吉鳗

拉丁学名： *Conger myriaster*

分类地位： 脊索动物门 / 辐鳍鱼纲 / 鳗鲡目 / 康吉鳗科 / 康吉鳗属

识别特征： 体圆筒状，蛇形，尾部侧扁，体表多胶质样黏液。无鳞。侧线完全，侧线孔和侧线上方具星状斑点。体背后侧灰褐色，腹下部灰乳色。头中等大，圆锥形，稍平扁。眼大，埋于皮下。口宽大，口裂达眼中部。唇发达。舌端游离。牙细小，排列紧密。胸臀狭小。腹鳍消失。背鳍、臀鳍、尾鳍相连。

主要分布： 渤海、黄海、东海及朝鲜半岛、日本海域。

照片来源： 拍摄样本采集于山东近岸海域。

海鳗科 Muraenesocidae

体长筒状。体形较大。无鳞。口大。吻长。舌窄小，附于口底，或仅前端分离。齿尖锐，两颌或犁骨部中间具大型犬齿。鳃孔宽大。前鼻孔呈管状，后鼻孔不具缘瓣。各鳍均无鳍棘。胸鳍发达。背鳍、臀鳍、尾鳍相连。

我国发现 4 属 6 种，山东渤海海域发现 1 属 1 种。

海鳗 *Muraenesox cinereus*

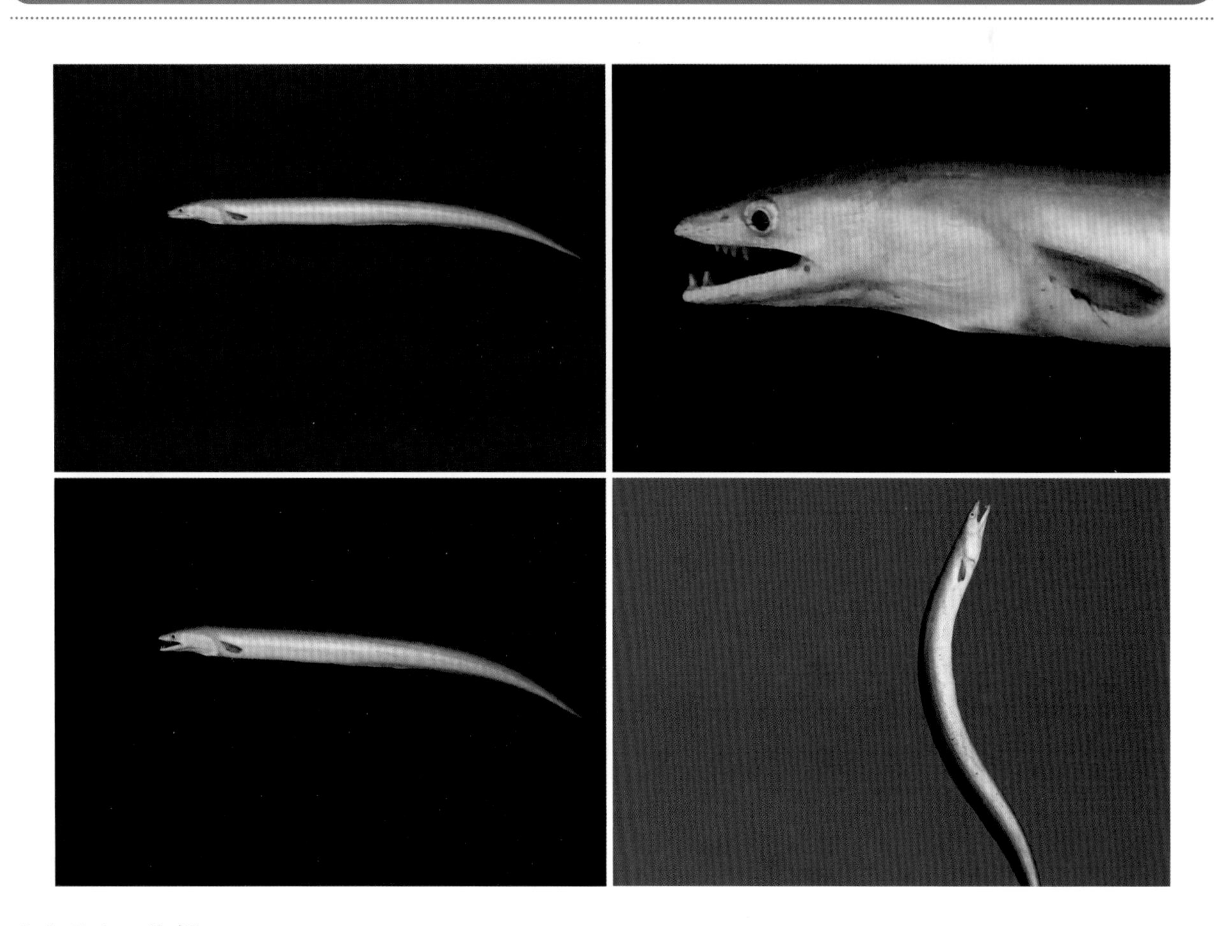

中文种名： 海鳗

拉丁学名： *Muraenesox cinereus*

分类地位： 脊索动物门 / 辐鳍鱼纲 / 鳗鲡目 / 海鳗科 / 海鳗属

识别特征： 体长圆筒状，尾部侧扁，尾长大于头与躯干长度的和。无鳞。侧线发达，具侧线孔。体背、体侧灰褐色，腹部灰白色，沿背鳍基部两侧各具一暗褐色条纹。头尖长。眼大，长椭圆形。吻突出。口阔，口裂达眼后方。上颌较长，上颌齿强大锐利。舌附于口底。胸鳍发达。腹鳍消失。背鳍、臀鳍、尾鳍相连。

主要分布： 渤海、黄海、东海、南海及朝鲜半岛、日本等印度—西太平洋海域。

照片来源： 拍摄样本采集于山东近岸海域。

鲱科 Clupeidae

体侧扁，侧面观近梭形。腹部圆或侧扁。体被薄圆鳞，常具棱鳞。无侧线或仅存于体前部第 2 至第 5 鳞片上。头侧扁。吻不突出。口中等大，前位。齿细弱或无。鳃盖膜分离，不与峡部相连。鳃盖条 6 ~ 20 根。鳔前端分为 2 枝与内耳相接，后端延伸或呈长管，鳔管与胃相通。背鳍中后位。臀鳍基部较长。尾鳍分叉，上下等长。

我国发现 5 亚科 15 属 34 种，山东渤海海洋保护区海域发现 4 属 4 种。

太平洋鲱 *Clupea pallasii*

中文种名： 太平洋鲱

拉丁学名： *Clupea pallasii*

分类地位： 脊索动物门 / 辐鳍鱼纲 / 鲱形目 / 鲱科 / 鲱属

识别特征： 体延长，侧扁，腹部近椭圆形。体被圆鳞，易脱落，棱鳞尖突较弱。无侧线。体背面灰黑色，两侧及下方银白色，侧上方微绿。头小。眼具脂眼睑。口较小，前上位。背鳍 1 个，中位。腹鳍始于背鳍起点后下方。臀鳍最后鳍条不延长。尾鳍叉状。

主要分布： 渤海、黄海及日本海域、太平洋北部。

照片来源： 拍摄样本采集于山东近岸渤海海洋保护区。

青鳞小沙丁鱼 *Sardinella zunasi*

中文种名： 青鳞小沙丁鱼

拉丁学名： *Sardinella zunasi*

分类地位： 脊索动物门 / 辐鳍鱼纲 / 鲱形目 / 鲱科 / 小沙丁鱼属

识别特征： 体长椭圆形，侧扁。体被圆鳞，不易脱落，腹部具锐利棱鳞。无侧线。背部青褐色，体侧和腹部银白色，鳃盖后上角具一黑斑，口周围黑色。头中等大。眼中等大。口前位。背鳍 1 个，浅灰色，前缘散布中等大黑点，起点位于体中部稍前方。胸鳍下侧位，色淡。腹鳍具腋鳞，色淡。臀鳍，色淡，最后 2 根鳍条扩大延长。尾鳍分叉，无匕首状大鳞，灰色，后缘黑色。

主要分布： 渤海、黄海、东海、南海。

照片来源： 拍摄样本采集于山东近岸渤海海洋保护区。

远东拟沙丁鱼 *Sardinops melanostictus*

中文种名： 远东拟沙丁鱼

拉丁学名： *Sardinops melanostictus*

分类地位： 脊索动物门 / 辐鳍鱼纲 / 鲱形目 / 鲱科 / 拟沙丁鱼属

识别特征： 体长椭圆形，侧扁。体被薄圆鳞，不易脱落，腹部具锐利棱鳞。无侧线。背部青绿色，腹部银白色，体侧 1 行黑色圆点，上排斑点不显著，一般下排斑点为 6 ~ 9 个，多为 7 个。头中等大。口前位。眼中等大，上侧位。背鳍 1 个，鳍基具鳞鞘，起点位于体中部稍前方。胸鳍下侧位。腹鳍具腋鳞。臀鳍最后 2 根鳍条扩大延长。尾鳍深叉形，鳍基有 2 个显著的长鳞。

主要分布： 渤海、黄海、东海、南海及日本沿海。

照片来源： 拍摄样本采集于山东近岸渤海海洋保护区。

斑鰶 *Konosirus punctatus*

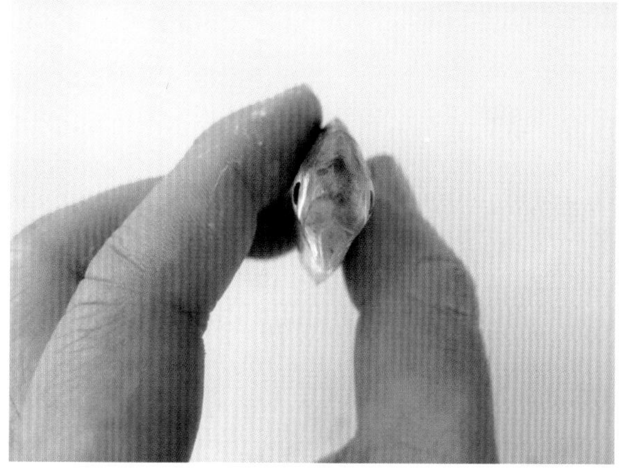

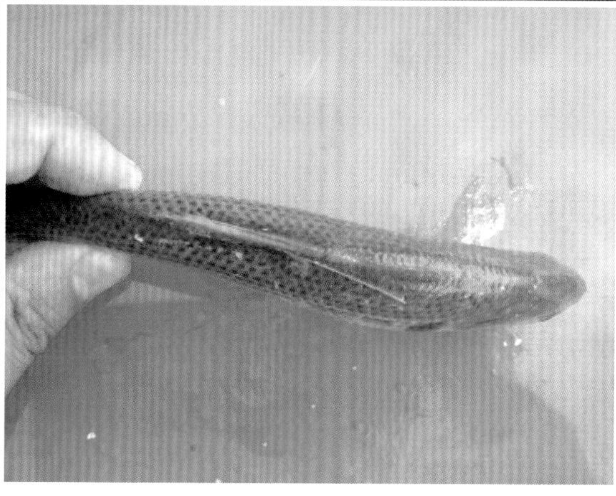

中文种名：斑鰶

拉丁学名：*Konosirus punctatus*

分类地位：脊索动物门 / 辐鳍鱼纲 / 鲱形目 / 鲱科 / 斑鰶属

识别特征：体侧扁，长椭圆形。体被薄圆鳞，鳞近六角形，头部无鳞，腹部有齿状棱鳞。无侧线。头、体背侧黑绿色，体侧上方 8 ~ 9 个纵行小绿点，体侧下方和腹部银白色。吻稍钝。口小，无齿。上颌较下颌略长，上颌中央具显著缺刻。背鳍 1 个，前中央无棱鳞，最后一鳍条延长为丝状，向后约达尾柄中部。胸鳍基有短腋鳞，上方有一黑斑。腹鳍基有短腋鳞。尾鳍叉形。

主要分布：渤海、黄海、东海、南海及朝鲜半岛、日本等印度—西太平洋海域。

照片来源：拍摄样本采集于山东近岸渤海海洋保护区。

鳀科 Engraulidae

体长椭圆形，稍侧扁，腹部圆或侧扁。体被圆鳞，易脱落，通常具棱鳞。无侧线。眼中等大，无脂眼睑。口大，下位，口裂伸越眼缘后方。吻突出。上颌由很小的前颌骨及长的上颌骨组成。眼中等大，无脂眼睑。鳃膜不连峡部，鳃耙细长。鳔与内耳相连。背鳍通常短，位于臀鳍的上方或前方。

我国发现5属21种，山东渤海海洋保护区海域发现4属5种。

鳀 *Engraulis japonicus*

中文种名： 鳀

拉丁学名： *Engraulis japonicus*

分类地位： 脊索动物门 / 辐鳍鱼纲 / 鲱形目 / 鳀科 / 鳀属

识别特征： 体亚圆柱形，腹部近圆形。体被薄圆鳞，极易脱落，头部无磷。无侧线。背部蓝黑色，侧上方微绿，两侧及下方银白色。头部稍大，侧扁。吻圆短。上颌长于下颌，延达眼后。眼大，侧高位，具很薄的脂膜，眼间隔隆凸，中间有一棱。鼻孔小。口宽大，下位。背鳍 1 个。胸鳍侧上位。腹鳍小。尾鳍深叉形，基部有 2 个大鳞。

主要分布： 渤海、黄海、东海、南海及俄罗斯、朝鲜半岛、日本等西太平洋海域。

照片来源： 拍摄样本采集于山东近岸渤海海洋保护区。

黄鲫 *Setipinna taty*

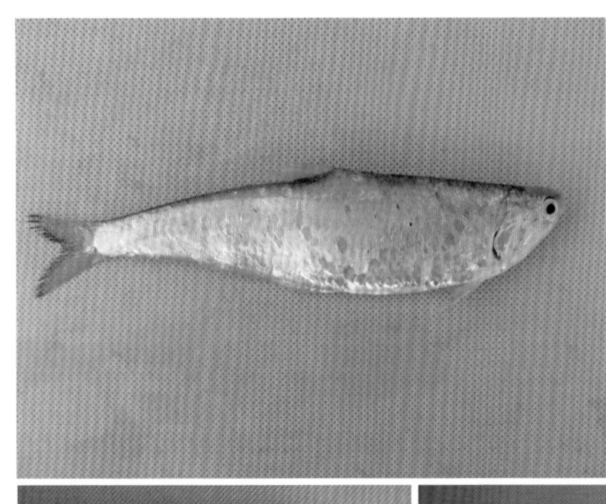

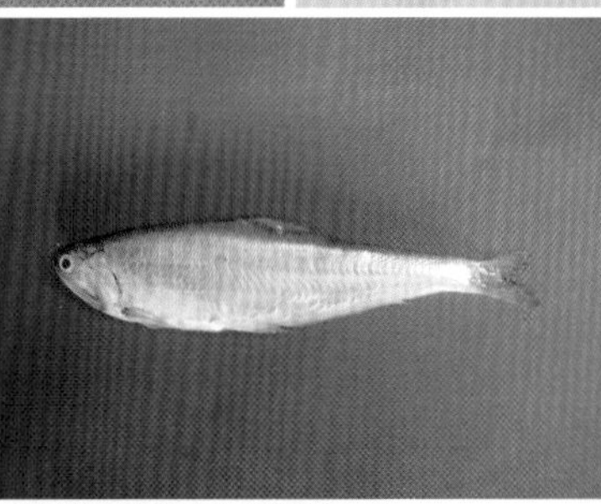

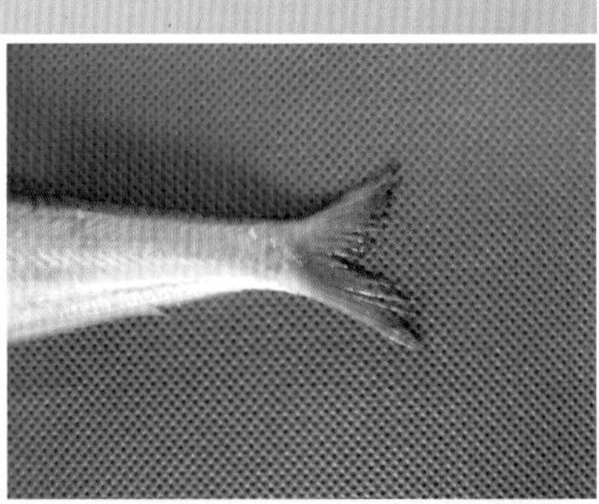

中文种名： 黄鲫

拉丁学名： *Setipinna taty*

分类地位： 脊索动物门 / 辐鳍鱼纲 / 鲱形目 / 鳀科 / 黄鲫属

识别特征： 体扁薄，背缘稍隆起，腹缘隆起程度大于背缘。体被薄圆鳞，易脱落，自鳃孔下方至肛门间腹缘上有强棱鳞。无侧线。体背面青绿色或暗灰黄色，体侧银白色，吻和头侧中部淡黄色。头短小。眼小。吻突出。口裂大，倾斜。上颌稍长于下颌。背鳍 1 个，黄色，前部一小刺。胸鳍，黄色，上部一鳍条延长为丝状。背鳍与臀鳍始点相对，居体长 1/2 处。臀鳍长，浅黄色。腹鳍小于胸鳍，始点距胸鳍始点、臀鳍始点的距离相等。尾鳍叉形，黄色。

主要分布： 渤海、黄海、东海、南海及朝鲜半岛、日本、澳大利亚等印度—西太平洋海域。

照片来源： 拍摄样本采集于山东近岸渤海海洋保护区。

赤鼻棱鳀 *Thryssa kammalensis*

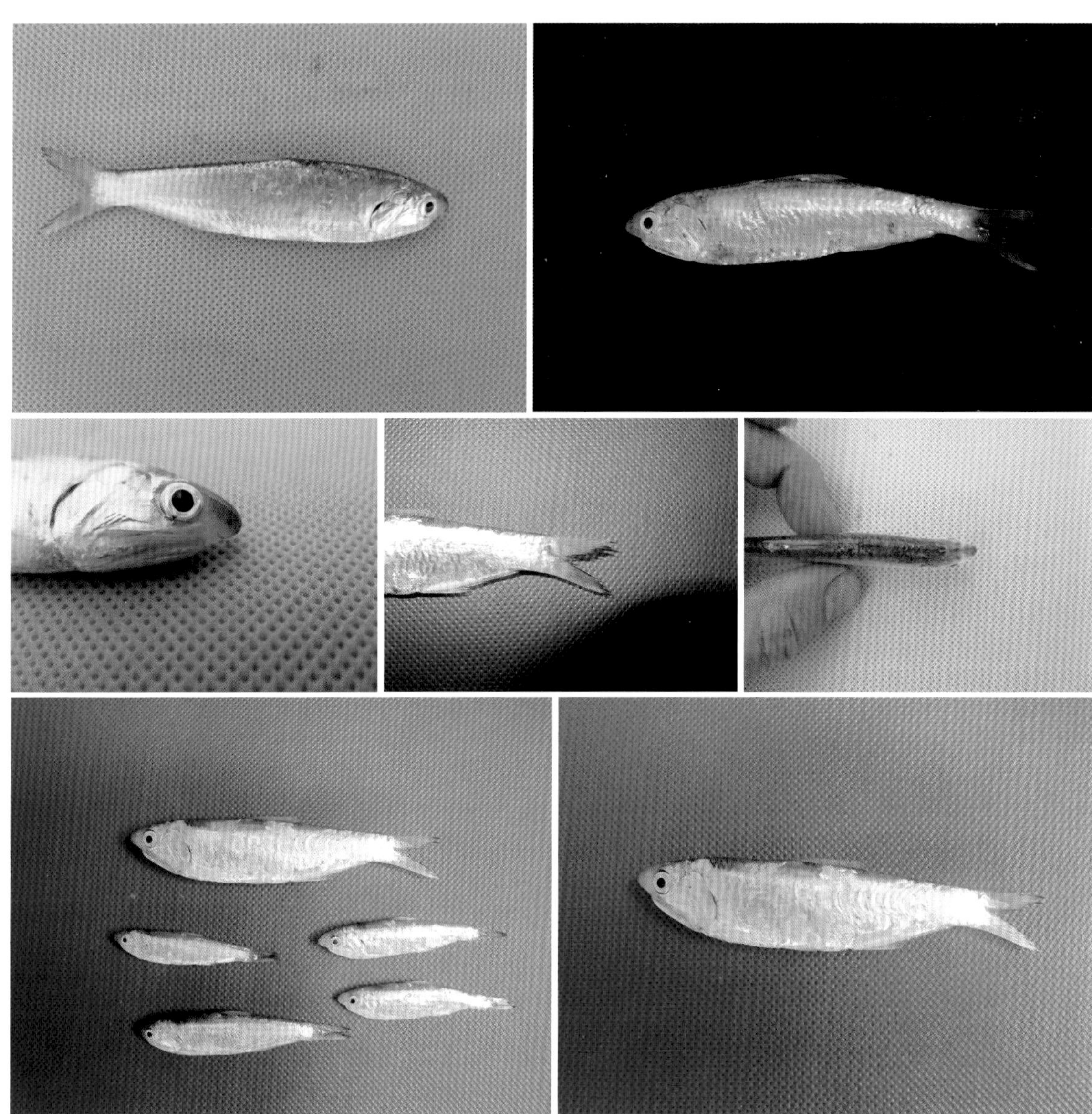

中文种名： 赤鼻棱鳀

拉丁学名： *Thryssa kammalensis*

分类地位： 脊索动物门 / 辐鳍鱼纲 / 鲱形目 / 鳀科 / 棱鳀属

识别特征： 体延长，侧扁。体被薄圆鳞，鳞中等大，易脱落，自鳃孔下方至肛门间腹缘有发达的棱鳞。无侧线。体背部青灰色，具暗灰色带，侧面银白色，吻常赤红色。头中等大，侧扁。吻突出，长度短于眼径。口大，倾斜。上颌长于下颌。背鳍 1 个，前方具一小棘。胸鳍、腹鳍具腋鳞。臀鳍基部长，始于背鳍后下方。尾鳍分叉。

主要分布： 渤海、黄海、东海、南海及印度尼西亚、马来西亚等印度—西太平洋海域。

照片来源： 拍摄样本采集于山东近岸渤海海洋保护区。

中颌棱鳀 *Thryssa mystax*

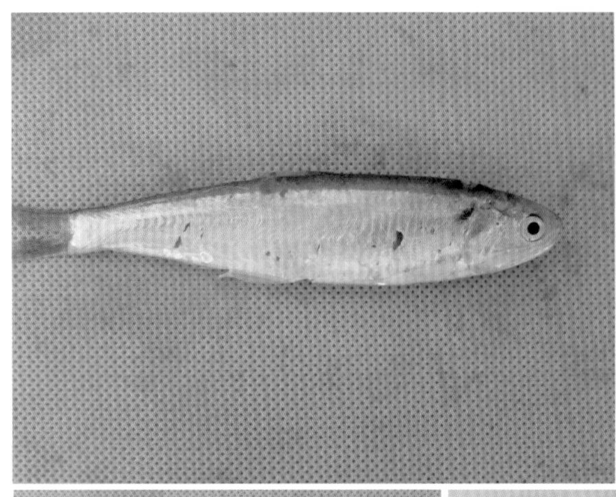

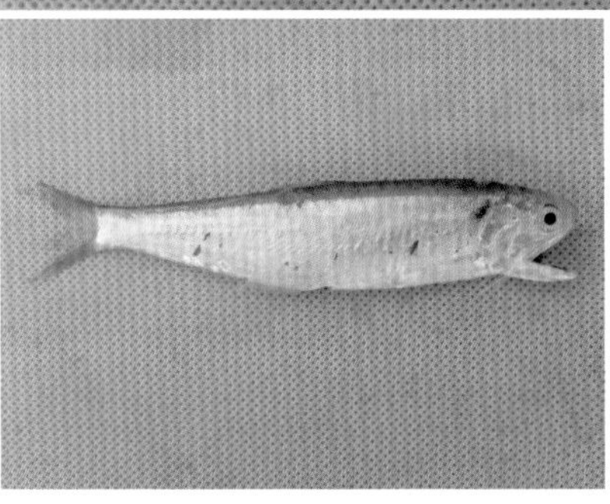

中文种名： 中颌棱鳀

拉丁学名： *Thryssa mystax*

分类地位： 脊索动物门 / 辐鳍鱼纲 / 鲱形目 / 鳀科 / 棱鳀属

识别特征： 体延长，侧扁。体被薄圆鳞，极易脱落，腹部具棱鳞。背部青绿色，体侧银白色，吻部浅黄色，胸鳍和尾鳍黄色，鳃盖后方具一青黄色大斑。头中等大。吻圆钝，长度短于眼径。眼较小，前侧位。口大，亚下位，斜裂，口裂伸达眼后下方。上颌稍长于下颌，上颌骨较长，后端伸达胸鳍基部。背鳍 1 个，较小，位于体中部，始于吻端和尾鳍中间。胸鳍下侧位，鳍端伸达腹鳍。腹鳍小，位于背鳍前下方。臀鳍基部长，始于背鳍中部下方。尾鳍分叉。

主要分布： 渤海、黄海、东海、南海及韩国、印度尼西亚等印度—西太平洋海域。

照片来源： 拍摄样本采集于山东近岸渤海海洋保护区。

凤鲚 *Coilia mystus*

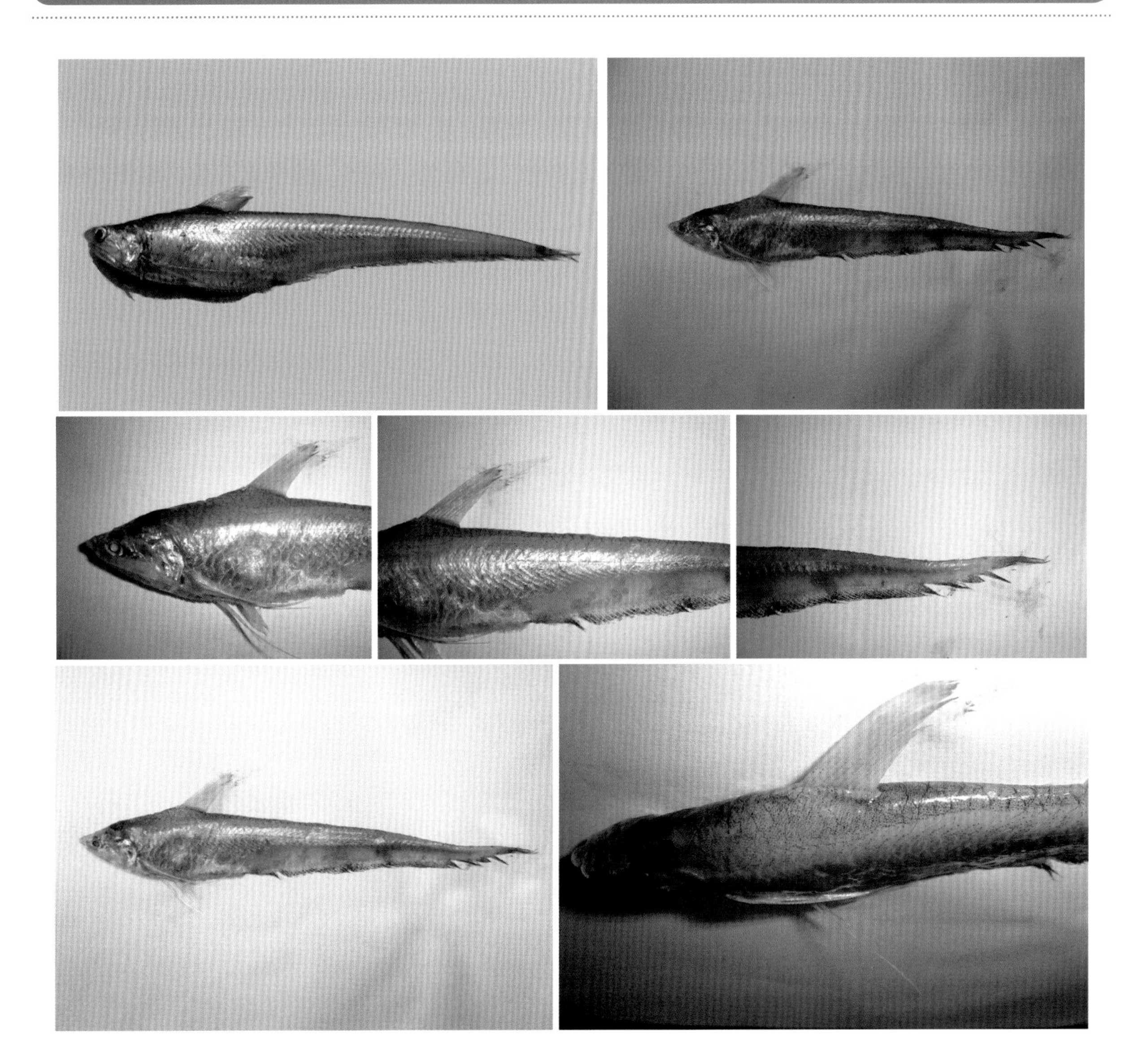

中文种名： 凤鲚

拉丁学名： *Coilia mystus*

分类地位： 脊索动物门 / 辐鳍鱼纲 / 鲱形目 / 鳀科 / 鲚属

识别特征： 体延长，侧扁，尖刀形，后部细长，超过体长的 1/2，背缘较腹缘宽。体被薄圆鳞，易脱落，腹缘自峡部到肛门前有齿状棱鳞。无侧线。体背面灰黄色，体侧、腹部银白色。头稍小，侧扁。吻端尖。口大，下位，稍斜裂。上颌长于下颌。眼中等大，侧上位，靠前。背鳍 1 个，基底短，基底前部上凸。起点与腹鳍起点相对，起点前有一小棘，鳍条向后渐短。胸鳍较小，侧下位，具长丝状游离鳍条 6 根，尖端达到或稍超过臀鳍起点。腹鳍短小，始于背鳍起点下方。臀鳍基底长，始于胸鳍尖端或稍前下方，后缘与尾鳍相连。尾鳍短小，不对称，上叶长于下叶。背鳍、臀鳍和尾鳍浅灰色，胸鳍和腹鳍白色。

主要分布： 渤海、黄海、东海、南海及朝鲜半岛、日本海域。

照片来源： 拍摄样本采集于山东近岸渤海海洋保护区。

银鱼科 Salangidae

体细长，半透明，前部近圆柱形，后部侧扁。无鳞，雄鱼臀鳍基部上方有1行较大鳞片。无侧线。头长，前部平扁。吻长而尖。眼小，侧位。口裂宽。两颌、腭骨具尖齿，犁骨和舌上有时附齿。上颌骨在眶前缘或后方向下弯曲。背鳍位于体后部，与臀鳍部分相对或位于臀鳍前方。脂鳍小。尾鳍叉形。

我国发现6属13种，山东渤海海洋保护区海域发现1属1种。

中国大银鱼 *Protosalanx chinensis*

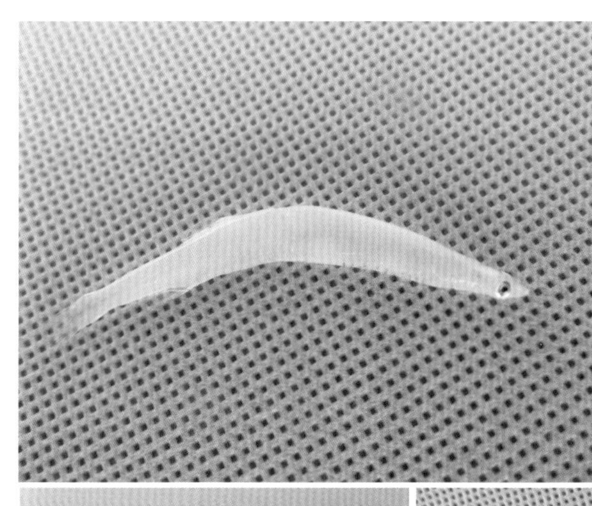

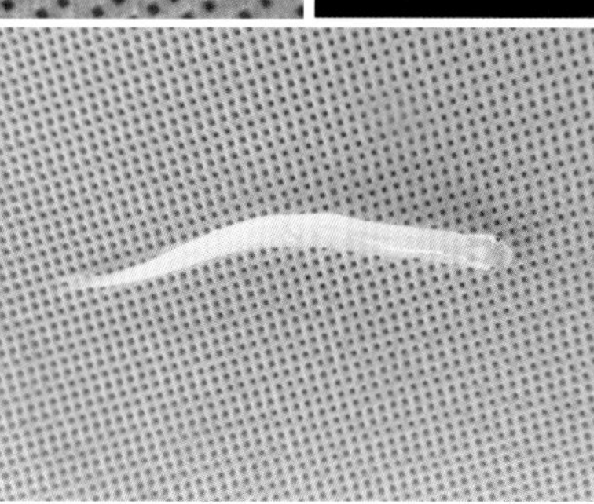

中文种名： 中国大银鱼

拉丁学名： *Protosalanx chinensis*

分类地位： 脊索动物门 / 辐鳍鱼纲 / 鼠鱚目 / 银鱼科 / 大银鱼属

识别特征： 体细长，前部略呈圆筒状，后部侧扁。无鳞。无侧线。无色透明，两侧腹面各有 1 行黑色斑点。头部上下扁平。吻尖细，三角形。眼小，侧位。口裂宽。下颌长于上颌，上颌骨末端伸越眼前缘下方。背鳍 1 个，起点位于臀鳍前方或与臀鳍前部相对，背鳍后具一脂鳍。胸鳍大而尖，鳍基具肉质片。腹鳍小。性成熟时雄鱼臀鳍呈扇形，基部有 1 列鳞片。尾鳍叉形。

主要分布： 渤海、东海、黄海及朝鲜半岛、日本、越南海域以及通海江河和湖泊。

照片来源： 拍摄样本采集于山东近岸渤海海洋保护区。

狗母鱼科 Synodidae

体稍延长，近梭形，前部亚圆筒状，后部侧扁。体被圆鳞，少部分种类无鳞。有侧线。头平扁。吻尖突。眼较大。有眶蝶骨。口宽。上颌骨后伸超过眼后缘，辅上颌骨极小或无，上颌口缘由前颌骨组成。上颌、下颌、腭骨和舌上通常具毛刷状齿。鳃耙细小，不发达。有伪鳃。腰带不与肩带相连。无中乌喙骨。无鳔。鳃盖条 12 ～ 26 根。鳍条分支或不分支，无鳍棘。背鳍始于体中部前方。胸鳍中侧或上侧位。腹鳍稍大，具 8 ～ 9 根鳍条。臀鳍中长。尾鳍分叉。有脂鳍。

我国发现 4 属 17 种，山东渤海海洋保护区海域发现 1 属 1 种。

长蛇鲻 *Saurida elongata*

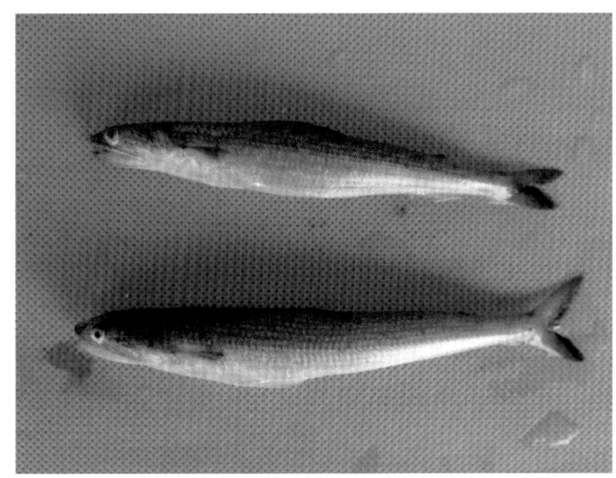

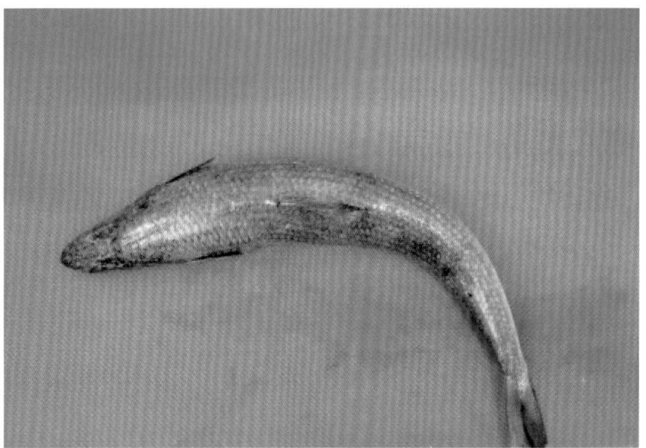

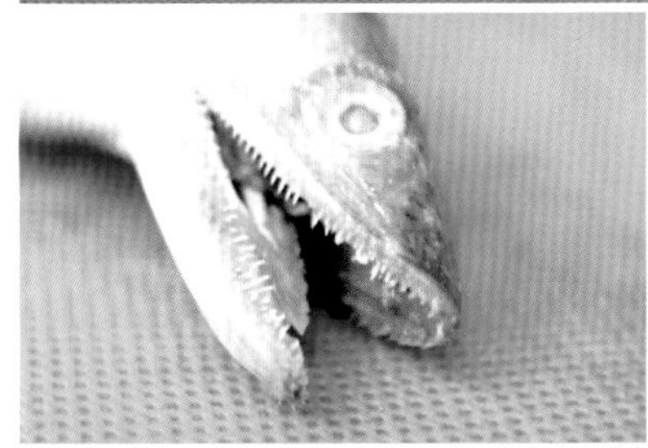

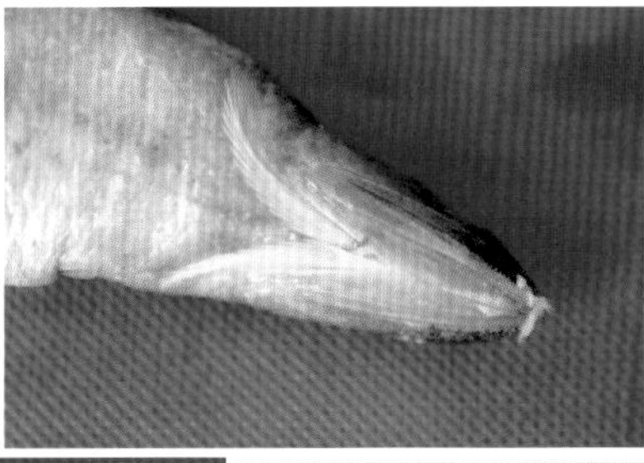

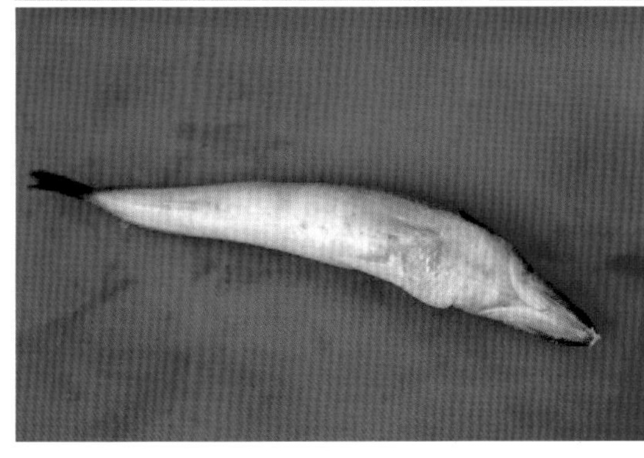

中文种名： 长蛇鲻

拉丁学名： *Saurida elongata*

分类地位： 脊索动物门 / 辐鳍鱼纲 / 仙女鱼目 / 狗母鱼科 / 蛇鲻属

识别特征： 体细长圆筒状，前部及头略平扁，后部稍侧扁。体背侧棕色，腹部白色。背鳍、腹鳍、尾鳍均浅棕色，胸鳍及尾鳍下叶灰黑色。吻尖而平扁。体被圆鳞，头后部和颊部有鳞，不分支鳍条具鳞。侧线发达，平直，侧线鳞明显。眼中等大，脂眼睑发达。口大，口裂长，长超过头长的1/2，末端达眼后缘下方。两颌约等长，上、下颌骨狭长，具多行细齿。背鳍1个，位于中部稍前。具小脂鳍。胸鳍中侧位，后端不达腹鳍起点。臀鳍小于背鳍。尾鳍深叉形。

主要分布： 渤海、黄海、东海、南海及朝鲜半岛、日本等西北太平洋海域。

照片来源： 拍摄样本采集于山东近岸渤海海洋保护区。

鳕科 Cadidae

体延长，侧扁，纺锤形，尾柄细窄。头长大。体被小圆鳞。口大，端位，能伸缩。齿细小，犁骨有齿。头顶无 V 形骨嵴。第 1 髓棘与脑颅愈合。最后一脊椎骨支持单一的尾下骨。鳔不与脑颅后部相接。背鳍 1 ～ 3 个。无鳍棘，第 1 背鳍在头后方。

我国发现 5 属 5 种，山东渤海海洋保护区海域发现 1 属 1 种。

大头鳕 *Gadus macrocephalus*

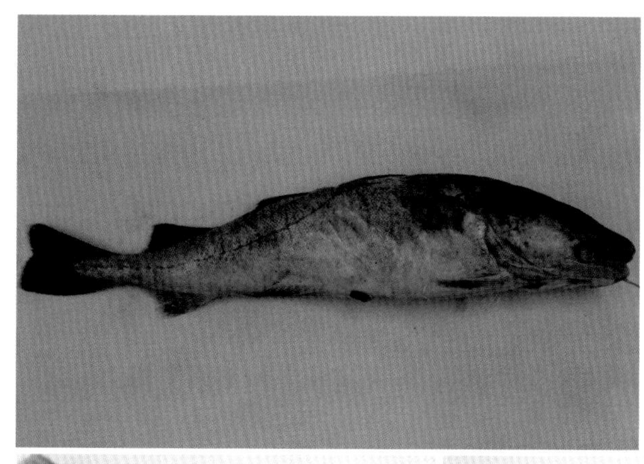

中文种名：大头鳕

拉丁学名：*Gadus macrocephalus*

分类地位：脊索动物门 / 辐鳍鱼纲 / 鳕形目 / 鳕科 / 鳕属

识别特征：体延长，侧扁，向后逐渐细狭。体被小圆鳞。侧线色浅。头、背及体侧灰褐色，具不规则深褐色斑纹，腹面灰白色。头大。眼大。口大，端位。上颌稍长，颏须发达。背鳍 3 个，分离，第 1 背鳍圆形。胸鳍圆形，中侧位。腹鳍胸位，起点稍前于胸鳍基部。臀鳍 2 个。尾鳍稍凹入。胸鳍浅黄色，其他鳍均灰色。各鳍均无硬棘。

主要分布：渤海、黄海及白令海峡、美国北太平洋海域。

照片来源：拍摄样本采集于山东近岸海域。

鮟鱇科 Lophiidae

头大，宽阔、平扁。无鳞。皮肤薄而疏松，大部分光滑，头两侧、下颌及体表有许多皮质突起。口大。上颌能伸缩，下颌突出。上、下颌具可倒伏尖齿。鳃孔在胸鳍基底后下方或下方。背鳍分为鳍棘部和鳍条部，鳍棘前部由 3 个分离的鳍棘组成，第 1、第 2 鳍棘位于近吻端，第 3 鳍棘位于头后端；第 1 鳍棘特别延长呈钓具状，末端有吻触手，第 2、第 3 鳍棘有小卷须；鳍棘后部由 1 ~ 3 根鳍棘组成，有鳍膜相连；鳍条位于尾部，8 ~ 12 根鳍条。胸鳍基底长，臂状，鳍条不分支，末端弯曲。腹鳍位于头腹面，胸鳍前方。臀鳍在背鳍鳍条部下方，6 ~ 10 根鳍条。

我国发现 4 属 13 种，山东渤海海洋保护区海域发现 1 属 1 种。

黄鮟鱇 *Lophius litulon*

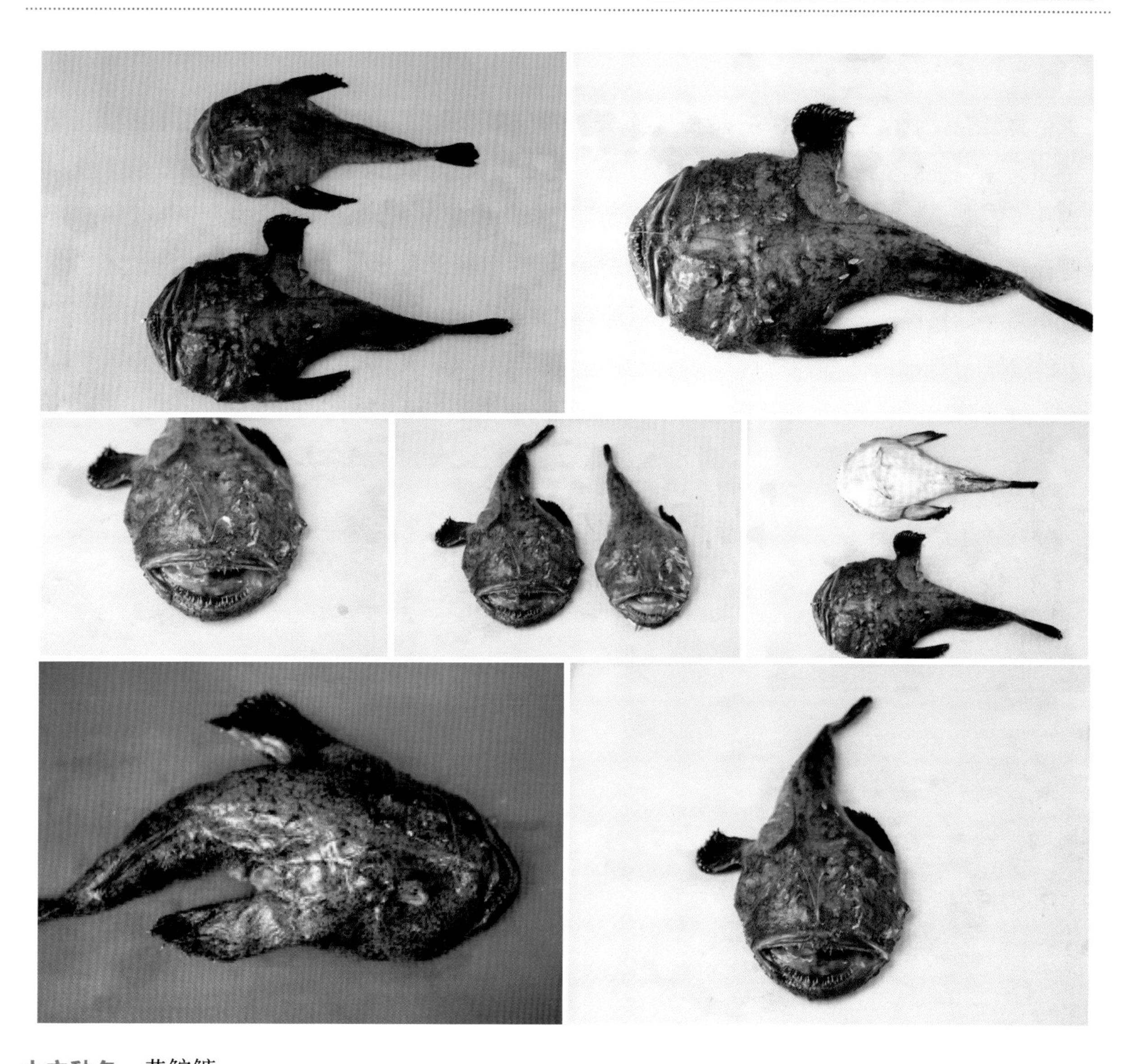

中文种名：黄鮟鱇

拉丁学名：*Lophius litulon*

分类地位：脊索动物门 / 辐鳍鱼纲 / 鮟鱇目 / 鮟鱇科 / 黄鮟鱇属

识别特征：体前半部平扁宽阔，呈圆盘状，向后细尖，至尾部柱形，体柔软，表皮平滑。无鳞。体背面黄褐色，具不规则的深棕色网纹，腹面白色，口腔淡白色或微暗色。头大，平扁。口宽大，口内有黑白色斑纹。下颌有可倒伏尖齿 1 ～ 2 行。头、鳃盖部及全身边缘具皮质硬突起。第 1 背鳍由 6 根独立的鳍棘组成，前 3 根鳍棘细长，后 3 根鳍棘细短；第 2 鳍棘最长；前 2 根鳍棘位于吻背部，顶端具皮质穗。第 2 背鳍与臀鳍位于尾部。胸鳍宽，侧位，圆形，基部臂状。腹鳍短小，喉位。尾鳍圆截形。鳍均黑色。

主要分布：渤海、黄海、东海及朝鲜半岛、日本等北太平洋西部海域以及印度洋海域。

照片来源：拍摄样本采集于山东近岸渤海海洋保护区。

鲻科 Mugilidae

体延长，微侧扁，长纺锤形。体被弱栉鳞，头部被圆鳞，鳞中等大，鳍常被小圆鳞。无侧线。体背上侧常有不开孔的纵行小管。头中等大，宽而平扁。眼侧上位，脂眼睑发达或不发达。口小，前位或近下位。前颌骨能伸出，常隐于前颌骨和眶前骨之下。颌齿细小或无齿。鳃盖膜不与峡部相连。鳃盖条 5 根。鳃耙细长而密列。具假鳃。背鳍 2 个，相距较远，第 1 背鳍 4 根鳍棘，第 2 背鳍 1 根鳍棘、7 ~ 10 根鳍条。胸鳍高位。腹鳍位于胸鳍末端下方，1 根鳍棘、5 根鳍条。臀鳍 3 根鳍棘、8 ~ 10 根鳍条。尾鳍叉形、凹形或截形。

我国发现 7 属 13 种，山东渤海海洋保护区海域发现 1 属 1 种。

鲅 *Liza haematocheilus*

中文种名：鲅

拉丁学名：*Liza haematocheilus*

分类地位：脊索动物门 / 辐鳍鱼纲 / 鲻形目 / 鲻科 / 鲅属

识别特征：体长梭形，前端扁平，尾部侧扁。除吻部外，全身被鳞，鳞中等大。无侧线。头、背部深灰绿色，体两侧灰色，腹部白色。头短宽，前端扁平。吻短钝。口亚下位，人字形。眼较小，稍带红色，脂眼睑不发达，仅存在于眼边缘。上颌略长于下颌，上颌中央有一缺刻，上颌骨后端外露，急剧下弯。背鳍两个，第 1 背鳍短小，由 4 根硬棘组成，位于体正中稍前，第 2 背鳍在体后部，与臀鳍相对。胸鳍高位，贴近鳃盖后缘，无腋鳞。尾鳍分叉浅，微凹形。鳍均灰白色。

主要分布：渤海、黄海、东海、南海及朝鲜半岛、日本等西北太平洋海域。

照片来源：拍摄样本采集于山东近岸渤海海洋保护区。

颌针鱼科 Belonidae

体延长，稍侧扁或圆柱形。鳞细小。侧线下位。头较长。鼻孔大，每侧 1 个，嗅瓣圆形。吻突出。口平直。上、下颌延长，长针状，具带状排列的细齿，并各具 1 行排列稀疏的大犬齿。鳃孔宽。无鳍棘。胸鳍较小，上侧位。背鳍、臀鳍位于体后部，背鳍通常有 10 ~ 26 个，后方无游离小鳍。腹鳍腹位。臀鳍 14 ~ 23 个。尾鳍分叉或圆形。

我国发现 4 属 7 种，山东渤海海洋保护区海域发现 1 属 1 种。

尖嘴柱颌针鱼 *Strongylura anastomella*

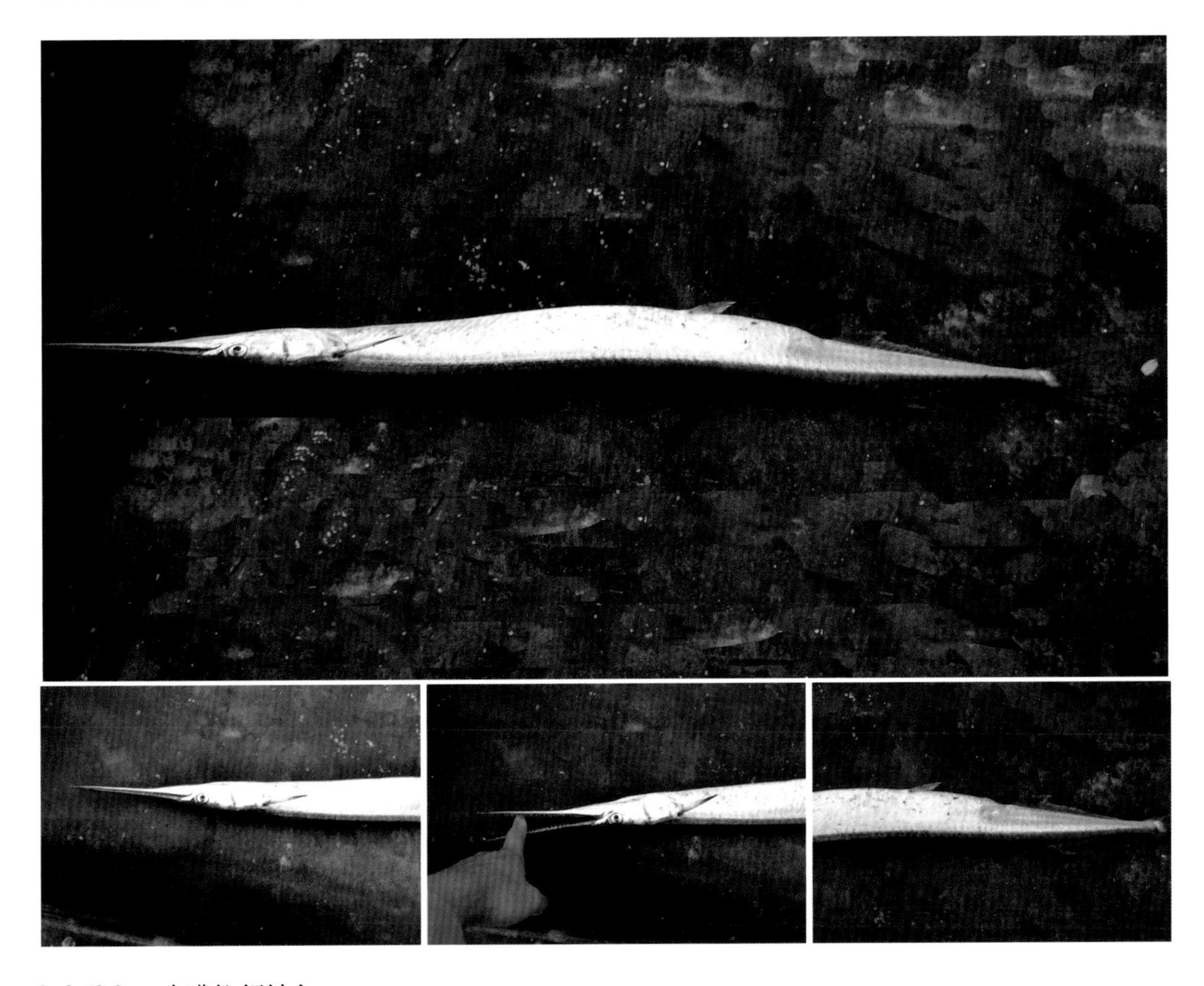

中文种名： 尖嘴柱颌针鱼

拉丁学名： *Strongylura anastomella*

分类地位： 脊索动物门 / 辐鳍鱼纲 / 颌针鱼目 / 颌针鱼科 / 柱颌针鱼属

识别特征： 体细长，侧扁，横断面椭圆形。体长为头长的 2.4 ~ 3.4 倍。尾部逐渐向后变细，尾柄侧扁，宽小于高，无侧皮褶。鳞小，排列不规则。侧线下位，沿腹缘向后延伸，至尾柄部上升到尾柄中部。体背面蓝绿色，体侧及腹部银白色。体背面中央有 1 条暗绿色纵带，直达尾鳍前；带的两旁有两条与其平行的暗绿色细带。吻长。上、下颌长针状，下颌稍长于上颌，颌齿多。鳃盖被鳞。背鳍 1 个，位于体后部，始于臀鳍鳍条上方，前部鳍条较长。胸鳍较小。臀鳍位于体后部，前部鳍条较长。尾鳍叉形，下叶稍长于上叶，基底无黑斑。胸鳍与腹鳍之尖端、背鳍与臀鳍的后缘及尾鳍末端呈淡黑色。骨骼翠绿色。

主要分布： 渤海、黄海、东海、南海及日本等西北太平洋海域。

照片来源： 拍摄样本采集于山东近岸渤海海洋保护区。

鱵科 Hemiramphidae

体延长，略侧扁或长柱形。体被圆鳞。侧线下位，近腹缘。头中等大。吻较短或稍长。眼中等大，圆形。鼻孔每侧 1 个，浅凹，具一舌形或扇形嗅瓣，嗅瓣边缘完整或穗状分支。口小。上颌短，下颌一般针状延长。上、下颌相对区域具细齿，齿端三峰或单峰。犁骨、腭骨和舌上均无齿。鳃孔宽，鳃膜不与峡部相连，鳃耙发达。背鳍 1 个，位于体后部。胸鳍、腹鳍均较短。臀鳍与背鳍位置相对，形状相似。尾鳍圆形、截形或分叉。

我国发现 6 属 18 种，山东渤海海洋保护区海域发现 1 属 1 种。

日本下鱵鱼 *Hyporhamphus sajori*

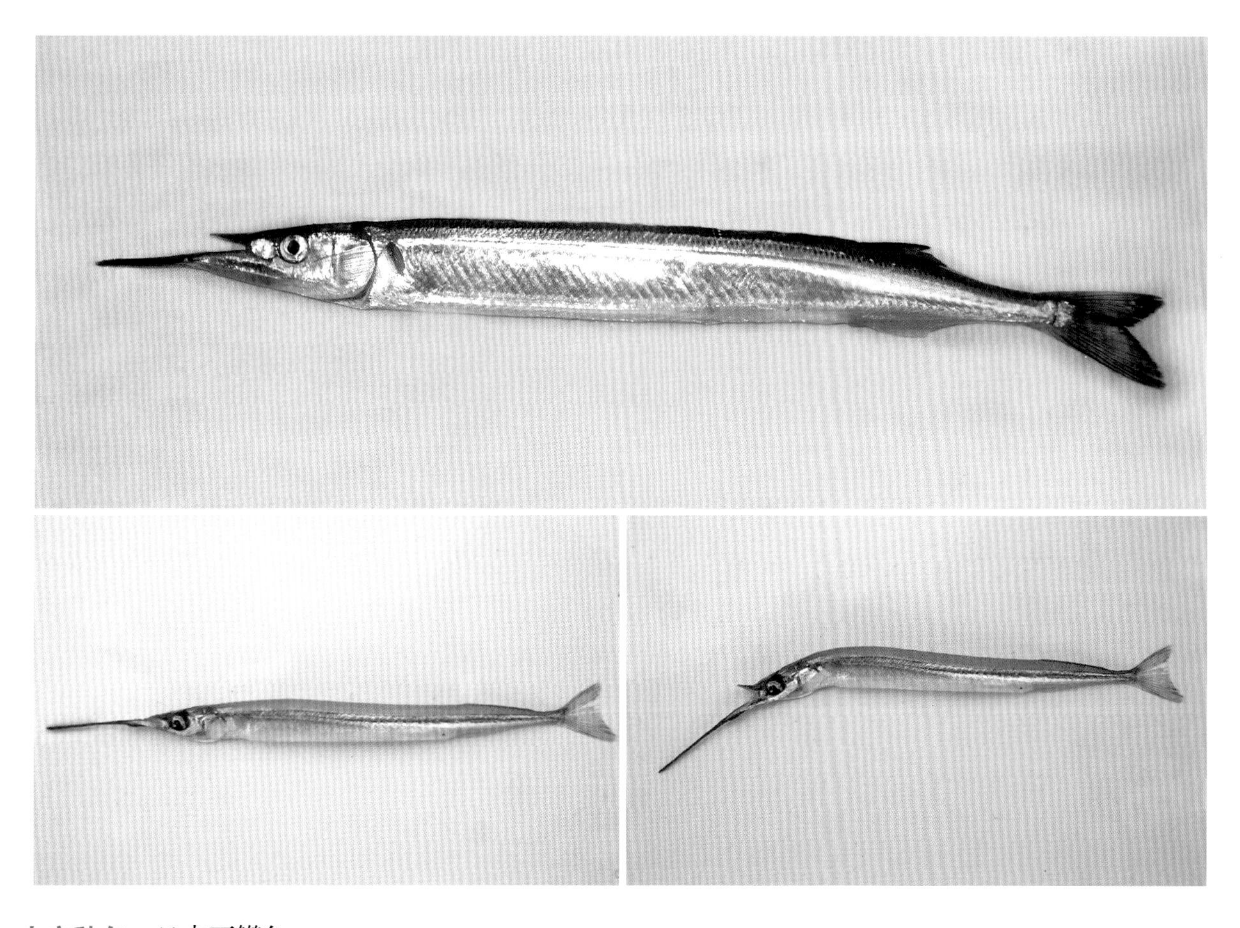

中文种名： 日本下鱵鱼

拉丁学名： *Hyporhamphus sajori*

分类地位： 脊索动物门 / 辐鳍鱼纲 / 颌针鱼目 / 鱵科 / 下鱵鱼属

识别特征： 体细长，略呈圆柱形，背缘、腹缘微隆起，近腹部变窄。体被圆鳞。侧线下位，近腹缘。体背面青绿色，腹部银白色，体侧各具一银灰色纵带。头顶部及上、下颌呈黑色。头较长。眼中等大，圆形。口较小。上颌显著小于下颌。上颌三角形薄片，高大于底边，长短于头长，中央具一稍隆起线，下颌延长呈扁平针状喙，前端一红点。背鳍 1 个，与臀鳍相对，且形状相似。胸鳍短。腹鳍小。尾鳍叉形。

主要分布： 渤海、黄海、东海及朝鲜半岛、日本等西北太平洋海域。

照片来源： 拍摄样本采集于山东近岸渤海海洋保护区。

飞鱼科 Exocoetidae

体延长或长椭圆形，稍侧扁。体被圆鳞。侧线下位。头中等大，吻短。眼大。鼻孔 2 个，三角形，深凹，位于眼前缘上方。口小，前位。上、下颌均不延长。口裂上缘由前颌骨组成。齿细小。鳃孔大。鳃盖膜不与峡部相连。左右下咽骨愈合成凹形骨片，具丛状三峰钝齿。胸鳍特别大。少数种类腹鳍也特别大。尾鳍深叉形，下叶长于上叶。

我国发现 7 属 35 种，山东渤海海洋保护区海域发现 1 属 1 种。

真燕鳐 *Prognichthys agoo*

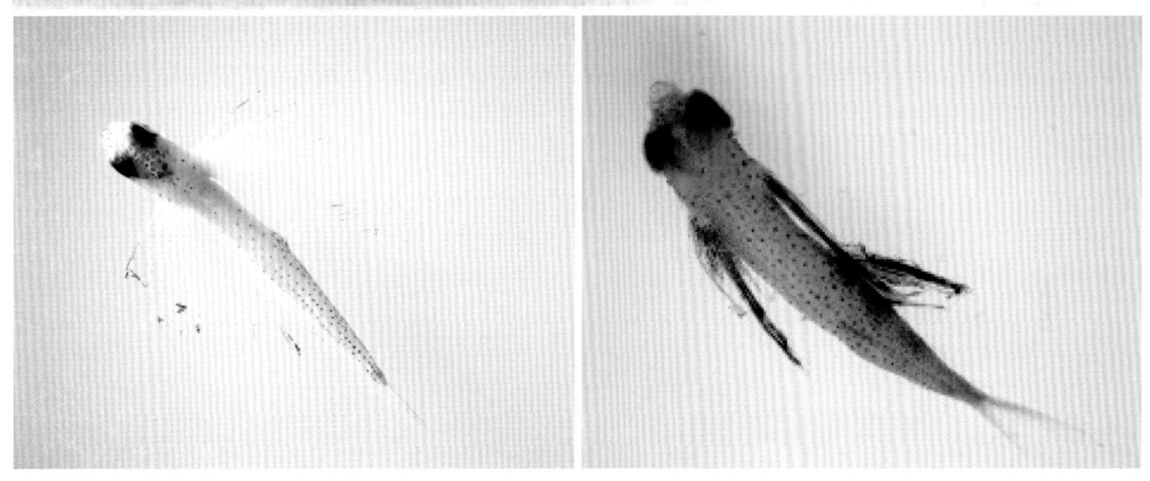

中文种名：真燕鳐

拉丁学名：*Prognichthys agoo*

分类地位：脊索动物门 / 辐鳍鱼纲 / 颌针鱼目 / 飞鱼科 / 真燕鳐属

识别特征：体长而扁圆、略呈梭形，背部宽，腹面狭，两侧较平至尾部逐渐变细。体被大圆鳞，鳞薄极易脱落。侧线下位，沿腹缘向后延伸。头、背面青黑色，侧下方及腹部银白色。头短。吻短。眼大。口小。鼻孔大，三角形，深凹。背鳍、臀鳍灰色，位于体后部。胸鳍浅黑色，发达，宽大，可达臀鳍末端。腹鳍大，后位，可达臀鳍末端。尾鳍浅黑色，深叉形，下叶长于上叶。

主要分布：渤海、黄海、东海及印度—西太平洋海域。

照片来源：拍摄样本采集于山东近岸渤海海洋保护区。

海龙科 Syngnathidae

体长形或侧扁，具棱角，尾部细长。体被真皮性环状骨片。头细长，常具突出的管状吻。口小，前位。两颌、犁骨及翼骨上均无齿。无上匙骨，匙骨与前2脊椎骨的椎体横突相连。鳃孔小，位于头侧背方，鳃4个，叶片状。伪鳃发达。鼻孔每侧2个，很小，相距近。背鳍1个，无鳍棘。一般具胸鳍。无腹鳍。臀鳍小，与背鳍常相对。尾鳍有或无，无尾鳍者尾端常卷曲。雌雄异形，雄鱼腹部有育儿囊或育儿袋。

我国发现17属40种，山东渤海海洋保护区海域发现2属2种。

日本海马 *Hippocampus japonicus*

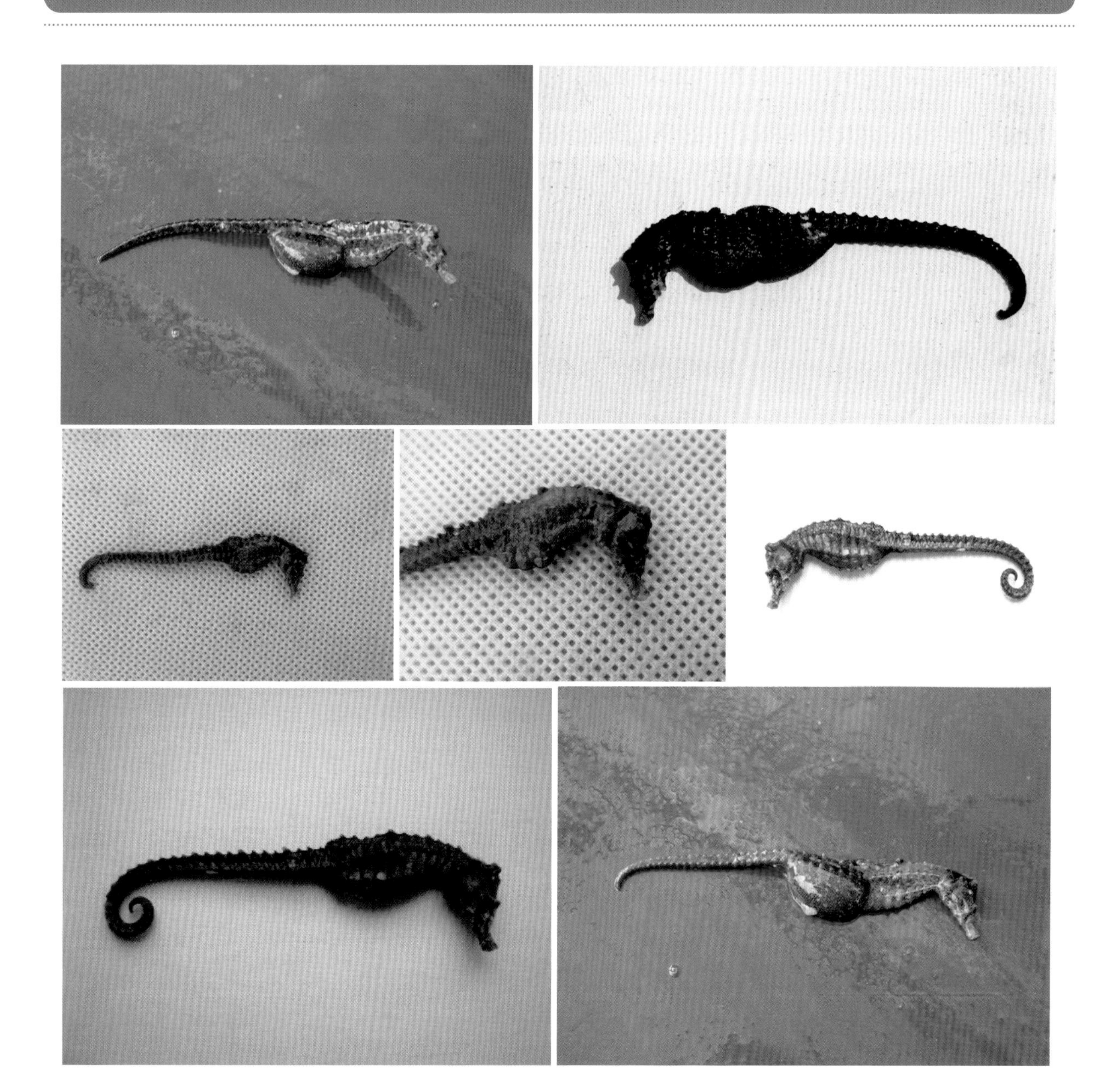

中文种名： 日本海马

拉丁学名： *Hippocampus japonicus*

分类地位： 脊索动物门 / 辐鳍鱼纲 / 刺鱼目 / 海龙科 / 海马属

识别特征： 体侧扁，背部隆起，腹部凸，尾部向后渐细，四棱形，常卷曲，身体隆起嵴上瘤突低而钝，全身为骨环所包。体浅褐色，常有不规则横带。头部弯曲，马头状，头与体轴略呈直角。顶冠低，顶端无棘。吻管状，吻背后端中央有小突起。口小，端位。背鳍 1 个，基底长，位于最后 2 体节及第 1 尾节上。无腹鳍和尾鳍。雄鱼尾部腹面具孵卵囊。

主要分布： 渤海、黄海、东海、南海及日本、越南等西太平洋海域。

照片来源： 拍摄样本采集于山东近岸渤海海洋保护区。

尖海龙 *Syngnathus acus*

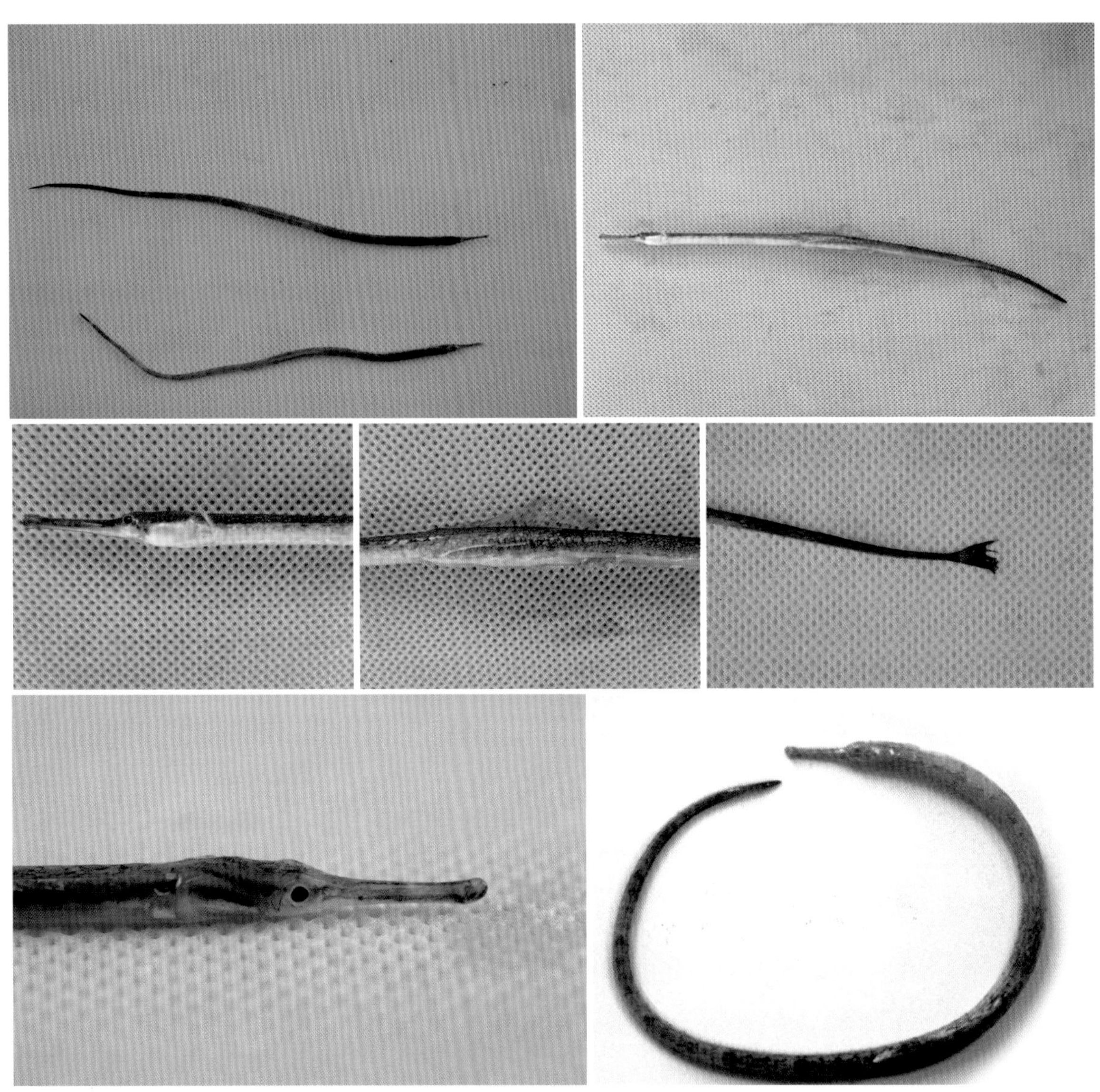

中文种名： 尖海龙

拉丁学名： *Syngnathus acus*

分类地位： 脊索动物门 / 辐鳍鱼纲 / 刺鱼目 / 海龙科 / 海龙属

识别特征： 体细长，被有环状骨板，躯干中棱与尾上棱相连，尾部长为躯干长的 2 ~ 2.5 倍。无鳞，体由骨质环包围，骨环面光滑，有明显丝状纹。体淡绿色至深褐色，具不规则深色斑纹。头与体轴在同一直线上。吻长管状。口小，位于吻端。鳃盖上线状嵴短小，仅在基部 1/3 处。背鳍 1 个，位于躯干末环至第 9 尾环。胸鳍发达，短而宽。臀鳍很小，位于肛门后方。尾鳍短小，扇状。雄鱼尾部腹面有 2 片皮褶形成的育儿囊。

主要分布： 渤海、黄海、东海、南海及印度洋—太平洋、东大西洋、地中海海域。

照片来源： 拍摄样本采集于山东近岸渤海海洋保护区。

鲉科 Scorpaenidae

体侧扁。体被栉鳞。头侧扁或近侧扁，头上有发达的棘突或棘棱，通常有 2 个鳃盖骨棘或 3 ~ 5 个前鳃盖骨棘。眼下骨嵴上有 1 列小刺一直伸到前鳃盖骨上。眼下骨架连于前鳃盖骨上（仅少数种类骨架未达前鳃盖骨）。口大，前位，斜形。上、下颌及犁骨有牙齿，腭骨也常有牙。眼中大至大，侧高位。鳃孔宽，伸至前下方。鳃盖膜与峡部不连。部分种类无鳔。脊椎骨 24 ~ 40 枚。背鳍一般 1 个，中间有凹刻，背鳍棘甚发达，11 ~ 17 根鳍棘和 8 ~ 18 根鳍条。胸鳍发达，一般 15 ~ 25 根鳍条，个别种类胸鳍下方有 1 根游离鳍条。腹鳍 1 根鳍棘，5 根鳍条。臀鳍 1 ~ 3 根鳍棘（通常为 3 根）和 3 ~ 9 根鳍条（通常为 5 根）。背鳍、臀鳍和腹鳍基部有毒腺。

我国发现 29 属 81 种，山东渤海海洋保护区海域发现 1 属 2 种。

许氏平鲉 *Sebastes schlegeli*

中文种名：许氏平鲉

拉丁学名：*Sebastes schlegeli*

分类地位：脊索动物门 / 辐鳍鱼纲 / 鲉形目 / 鲉科 / 平鲉属

识别特征：体延长，侧扁。鳞中等大，栉状，眼上下方、胸鳍基及眼侧具小圆鳞。侧线稍弯曲，前端有 3 尖棘。体灰褐色，腹面灰白色，背侧头后、背鳍鳍棘部、臀鳍鳍条部以及尾柄处各有一暗色不规则横纹，体侧具不规则小黑斑，眼后下缘有 3 条暗色斜纹，顶棱前后有 2 条横纹，上颌后部有一黑纹。头、背部棘棱突出不明显，前鳃盖骨边缘具 5 棘，眶前骨有 3 尖棘。眼间隔约等于眼径。口大，斜裂。下颌较长。背鳍连续，始于鳃孔上方，鳍棘发达，鳍棘部与鳍条部之间有一缺刻。胸鳍圆形，下侧位。腹鳍胸位，始于胸鳍基底下方，后端胸鳍后端近齐平。臀鳍位于背鳍鳍条部下方。尾鳍截形。鳍均灰黑色，胸鳍、尾鳍及背鳍鳍条部常具小黑斑。

主要分布：渤海、黄海、东海及朝鲜半岛、日本等西北太平洋海域。

照片来源：拍摄样本采集于山东近岸渤海海洋保护区。

汤氏平鲉 *Sebastes thompsoni*

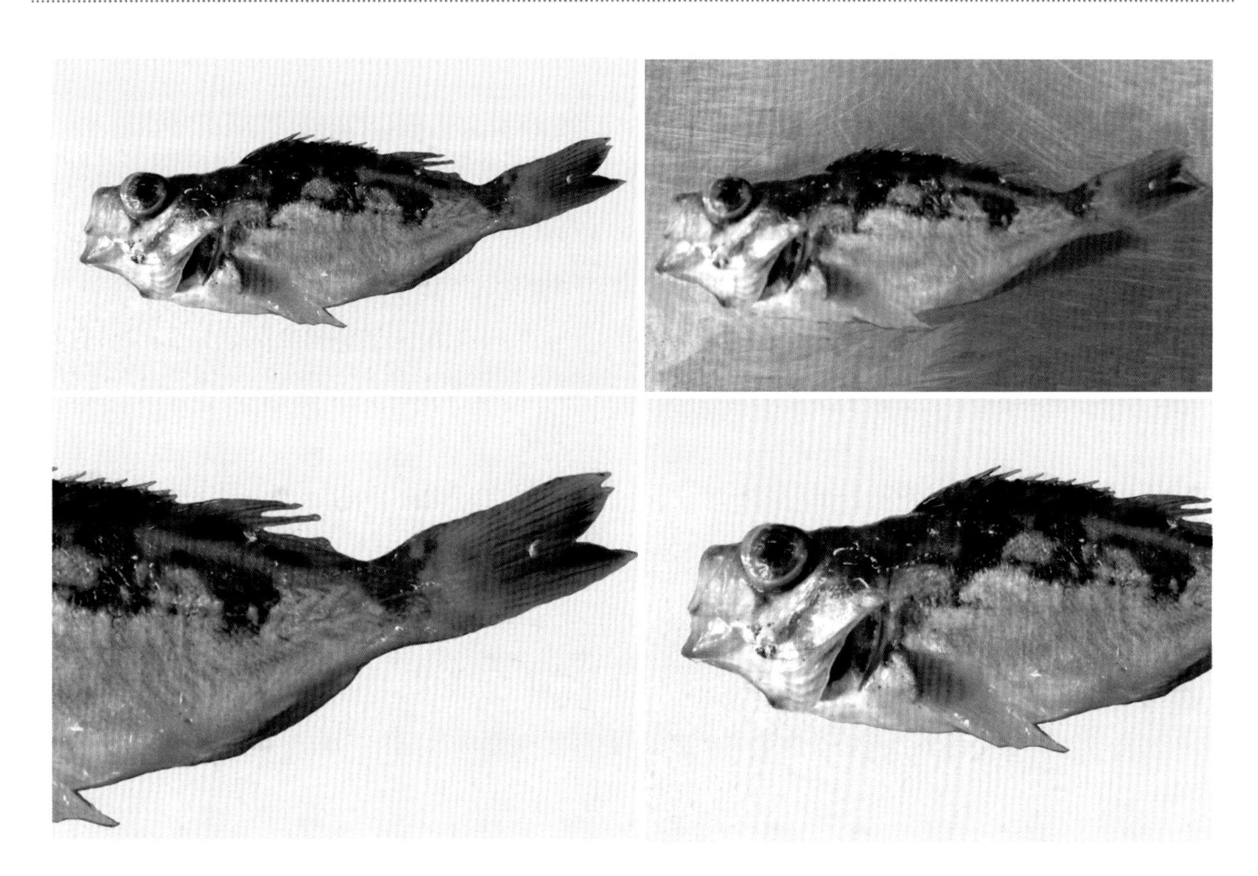

中文种名：汤氏平鲉

拉丁学名：*Sebastes thompsoni*

分类地位：脊索动物门 / 辐鳍鱼纲 / 鲉形目 / 鲉科 / 平鲉属

识别特征：体延长，侧扁。体被栉鳞，上、下颌和鳃盖条密具小鳞。侧线明显。体红褐色，腹面灰白色，体上半侧有黑褐色云雾状斑纹，鳍浅红色，眼有黄色光泽。头部有棘棱。口大，斜裂。下颌较长。第 2 眶下骨后端尖细，远离前鳃盖骨。前鳃盖骨边缘具 5 棘，鳃盖骨 2 棘。背鳍连续，始于鳃孔上方，鳍棘发达，鳍棘部与鳍条部之间有一缺刻。胸鳍圆形，下侧位。腹鳍胸位，始于胸鳍基底下方，后端与胸鳍后端近齐平。臀鳍位于背鳍鳍条部下方。尾鳍截形。

主要分布：渤海、黄海、东海及朝鲜半岛、日本等西北太平洋海域。

照片来源：拍摄样本采集于山东近岸渤海海洋保护区。

鲂鮄科 Triglidae

体延长，前部粗大，后部渐狭。体被小圆鳞或小栉鳞、骨板，鳞退化或深植于皮肤中。头近长方形，背面和侧面被骨板，部分骨板有小棘。眼侧高位。口端位或次下位。下颌无须，上颌骨为眶前骨所遮盖。鳃盖条 7 根，第 4 鳃弓后方有一鳃裂，鳃耙短，数量少。一般有鳔。背鳍 2 个，分离，第 1 背鳍鳍棘 8 ~ 9 根，第 2 背鳍鳍条 11 ~ 17 根，基部两侧有 1 排棘骨板。胸鳍中大或大，下部有 3 根游离鳍条。腹鳍基底分开，胸位，由 1 根鳍棘和 5 根鳍条组成。臀鳍中长或长，具一鳍棘（或无鳍棘）、11 ~ 16 根鳍条。尾鳍圆截形或分叉。

我国发现 5 属 19 种，山东渤海海洋保护区海域发现 1 属 1 种。

绿鳍鱼 *Chelidonichthys kumu*

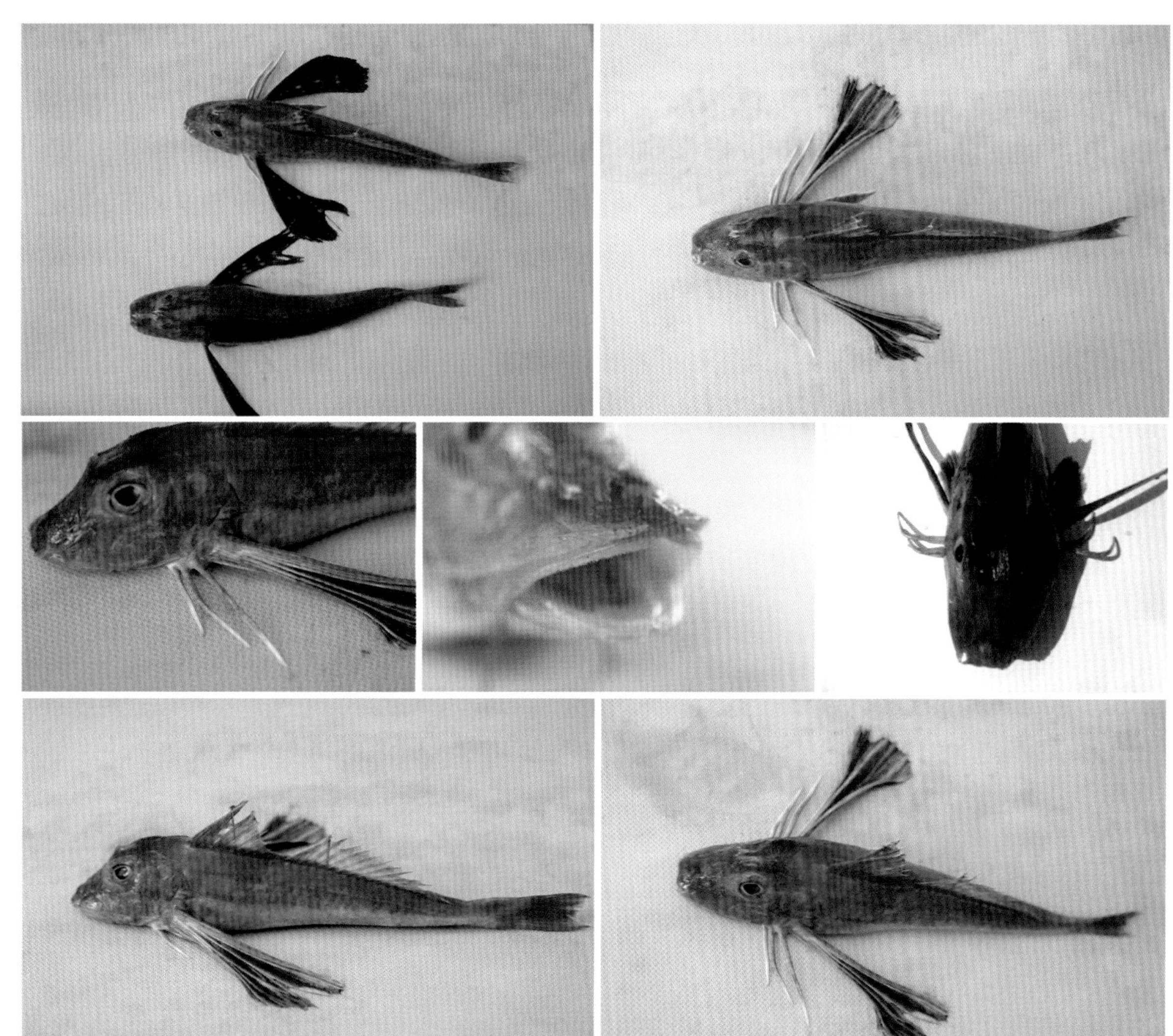

中文种名： 绿鳍鱼

拉丁学名： *Chelidonichthys kumu*

分类地位： 脊索动物门 / 辐鳍鱼纲 / 鲉形目 / 鲂鮄科 / 绿鳍鱼属

识别特征： 体延长，稍侧扁，前部粗大，后部渐细，头部、背面与两侧均被骨板。体被小圆鳞。侧线明显。背侧面红色，腹面白色，头部及背侧面具蓝褐色网状斑纹。头大，近方形，背面较窄。吻角钝圆。前鳃盖骨和鳃盖骨各具 2 棘。眼中大，上侧位。口大，端位。上颌较长。背鳍 2 个，分离，第 1 背鳍后部近基底处具一暗色斑块，第 2 背鳍具 2 纵行暗色斑点。胸鳍长而宽、位低，下方有 3 根指状游离鳍条，胸鳍内表面深绿色，下半部有白色斑点。腹鳍胸位，灰红色。臀鳍长，无鳍棘与第 2 背鳍相对。尾鳍浅凹形，灰红色。

主要分布： 渤海、黄海、东海、南海及朝鲜半岛、日本、新西兰、南非等印度—西太平洋海域。

照片来源： 拍摄样本采集于山东近岸渤海海洋保护区。

鲬科 Platycephalidae

体延长，平扁，向后部逐渐狭小、侧扁。体被栉鳞。侧线完全。头平扁，棘棱显著。眼大，上侧位。口端位。上下颌、犁骨及腭骨具绒毛状齿群，犬齿状。鳃盖膜不与峡部相连。鳃盖条 7 根，鳃耙短，极少。脊椎骨 27 枚。无鳔。背鳍 2 个，分离，第 1 背鳍鳍棘 8 ～ 10 根，第 1 鳍棘短小。胸鳍无游离鳍条。腹鳍位于胸鳍基底后方，左右腹鳍基底分开，1 根鳍棘，5 根鳍条。臀鳍 11 ～ 14 个。

我国发现 12 属 17 种，山东渤海海洋保护区海域发现 1 属 1 种。

鲬 *Platycephalus indicus*

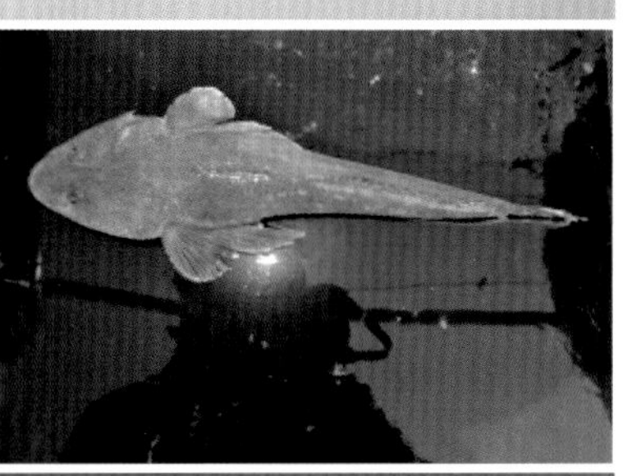

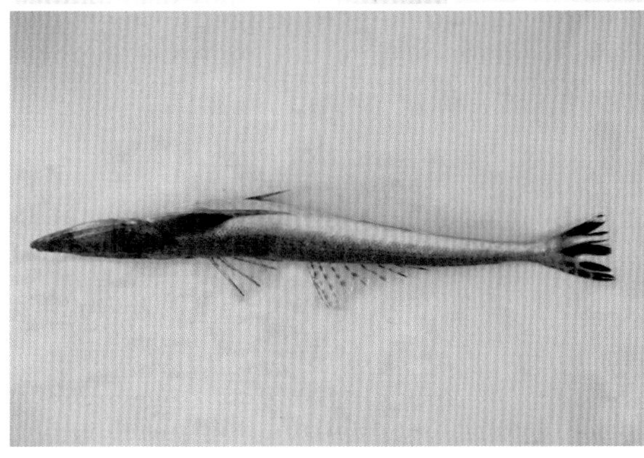

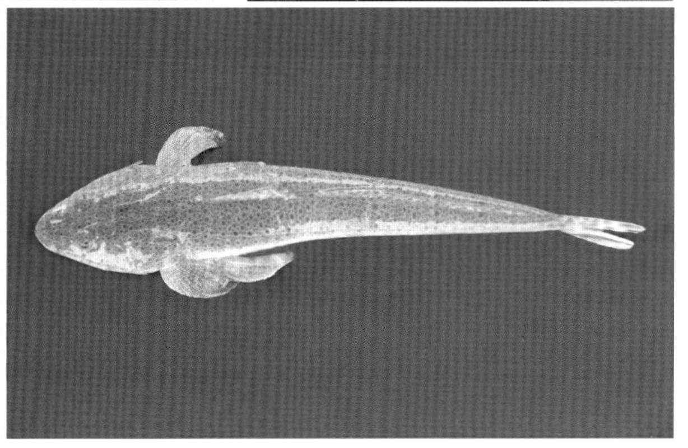

中文种名： 鲬

拉丁学名： *Platycephalus indicus*

分类地位： 脊索动物门 / 辐鳍鱼纲 / 鲉形目 / 鲬科 / 鲬属

识别特征： 体延长，平扁，向后渐尖，尾部稍侧扁。体被小栉鳞。侧线平直，侧中位。体黄褐色，具黑褐色斑点，腹面色浅。头平扁而宽大，头背侧具很多低平棘棱。眼上侧位，眼间隔宽凹，无眶上棱。口大，端位。下颌突出，较上颌长。上、下颌及犁骨具绒状牙群，腭骨具一纵行小牙。前鳃盖骨具 2 棘，无前向棘，鳃盖骨具一细棱，棘不显著。背鳍 2 个，相距近，鳍棘和鳍条具纵列小斑点，第 1 背鳍前后各有 1 根独立小鳍棘。胸鳍宽圆，第 4 鳍条最长。腹鳍亚胸位。臀鳍和第 2 背鳍同形相对，后部鳍膜具斑点和斑纹。尾鳍截形，上部具 4 ～ 5 条横纹，下部具 4 条纵纹。

主要分布： 渤海、黄海、东海、南海及朝鲜半岛、日本、菲律宾、印度尼西亚、大洋洲、非洲东南部、印度等海域。

照片来源： 拍摄样本采集于山东近岸渤海海洋保护区。

六线鱼科 Hexagrammidae

体延长，侧扁。体被小栉鳞或圆鳞。侧线 1 ~ 5 行。头顶无棘棱。口前位。两颌、犁骨及腭骨均具齿。第 2 眶下骨后延为一骨突，与前鳃盖骨相连接。鼻孔每侧 1 个，后鼻孔退化。前鳃盖骨具小棘或无棘，第 4 鳃弓后方有一鳃裂，鳃膜连合或分离，常不连于峡部，鳃盖条 6 ~ 7 根。无鳔。背鳍连续，有凹刻，鳍棘 16 ~ 26 根，鳍条 11 ~ 24 根。胸鳍宽大。腹鳍亚胸位，鳍棘 1 根，鳍条 5 根。臀鳍鳍棘 0 ~ 3 根。

我国发现 1 属 4 种，山东渤海海洋保护区海域发现 1 属 1 种。

大泷六线鱼 *Hexagrammos otakii*

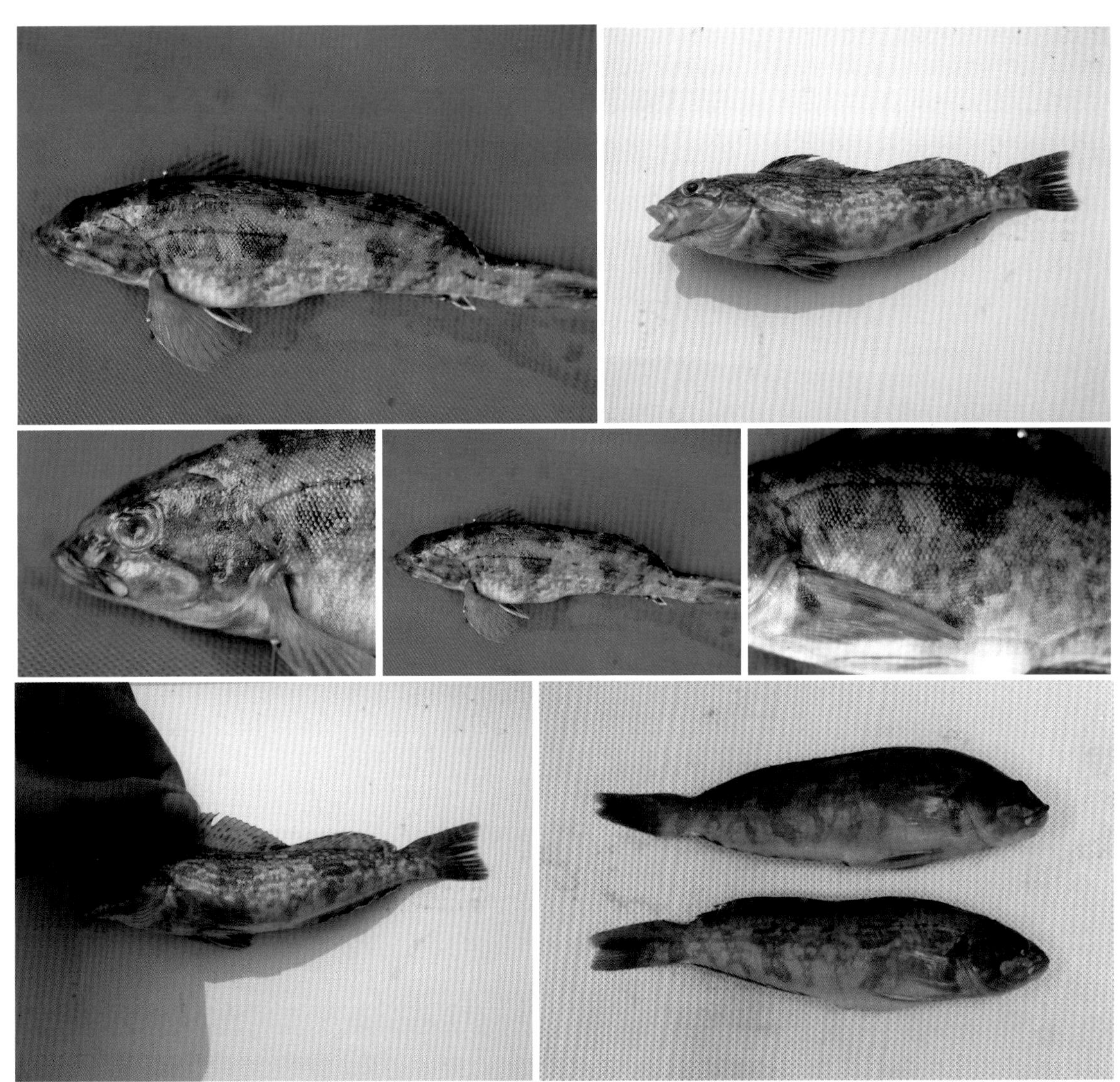

中文种名： 大泷六线鱼

拉丁学名： *Hexagrammos otakii*

分类地位： 脊索动物门 / 辐鳍鱼纲 / 鲉形目 / 六线鱼科 / 六线鱼属

识别特征： 体延长而侧扁，纺锤形，背缘弧度较小，背侧中部略凹入，尾柄较粗，项背及眼后缘上角各有一向后伸出的羽状皮瓣。体被栉鳞。侧线 5 条，第 4 条很短，始于胸鳍基部下方，止于腹鳍尖端前上方。体黄褐色、暗褐色及紫褐色，体侧有大小不一、形状不规则的灰褐色较大云斑，腹面灰白色。头较小，有鳞。吻尖突。口较小，前位，微斜裂。上颌略长于下颌。眼中等大，侧上位，眼间隔宽。鳃盖骨无棘。背鳍 1 个，基底长，连续，有灰褐色云斑，鳍棘部与鳍条部间有一浅凹，浅凹处棘上方具一黑色圆斑。胸鳍黄绿色，椭圆形，较大，侧下位。腹鳍乳白色或灰黑色，较窄长，位于胸鳍基部后下方，有一棘。臀鳍浅绿色，有黑色斜纹，鳍条稍短。尾鳍截形，中部稍凹，灰褐色或黄褐色，羽状皮瓣黑色。

主要分布： 渤海、黄海、东海及朝鲜半岛、日本海域。

照片来源： 拍摄样本采集于山东近岸渤海海洋保护区。

杜父鱼科 Cottidae

体中等长，前部稍平扁，后部稍侧扁。体表裸露无鳞，或具不整齐的鳞，或被刺和骨板。侧线1条，不分支。成鱼无鳔。有伪鳃。眼较大，上侧位，眼间隔较小。第2眶下骨后延的骨突与前鳃盖骨相连。上下颌、犁骨和腭骨均具齿。前颌骨能伸缩。前鳃盖骨具3～4个棘，上棘尖直，分叉或上弯，具钩刺。鳃盖膜宽而相连，常与峡部相连。背鳍2个，分离或连续，鳍棘细弱，为皮肤所覆盖。胸鳍基底宽大。腹鳍胸位，1根鳍棘，3～5根鳍条。臀鳍与第2背鳍同形，无鳍棘。

我国发现12属17种，山东渤海海洋保护区海域发现1属1种。

松江鲈 *Trachidermus fasciatus*

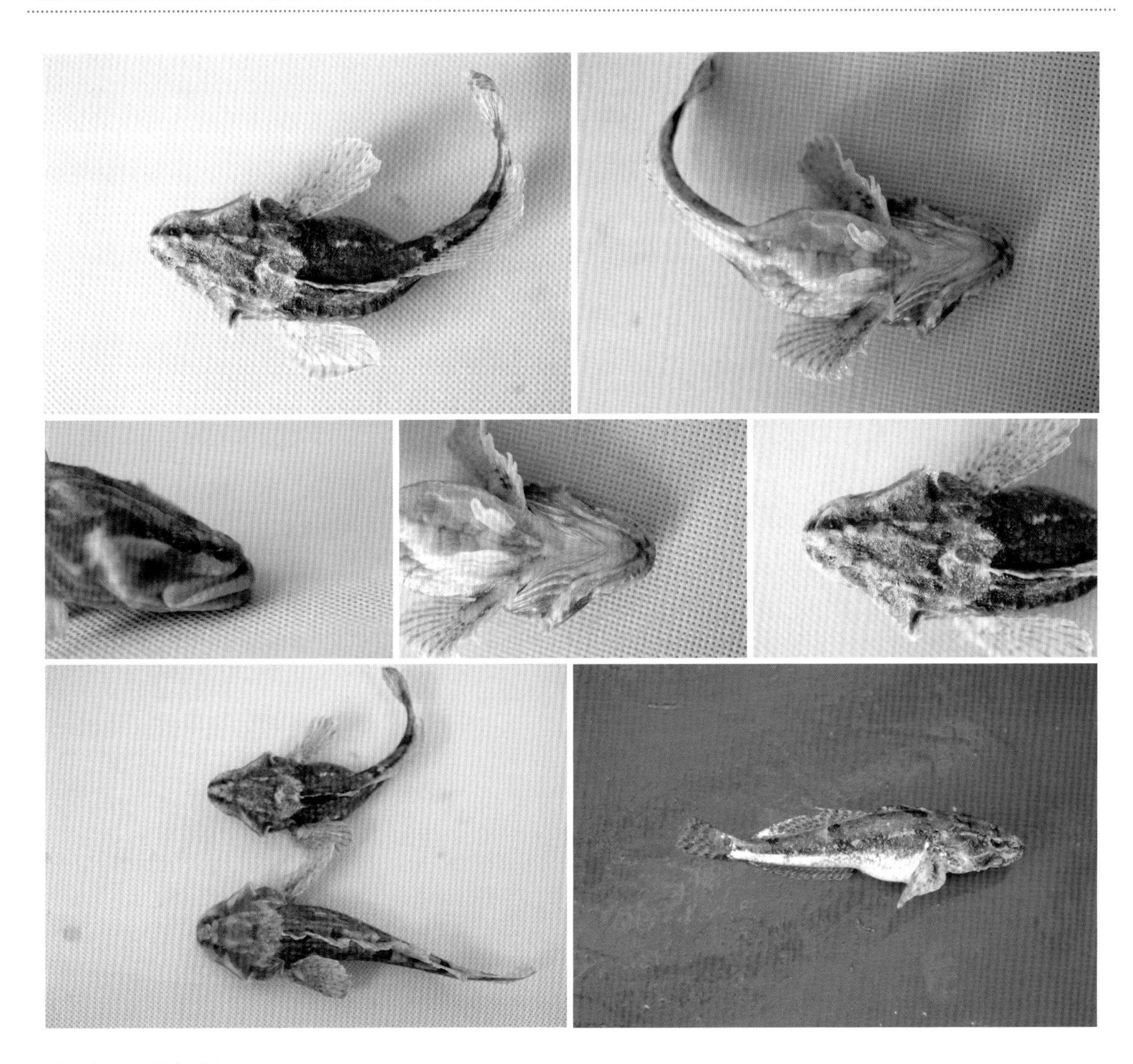

中文种名： 松江鲈

拉丁学名： *Trachidermus fasciatus*

分类地位： 脊索动物门 / 辐鳍鱼纲 / 鲉形目 / 杜父鱼科 / 松江鲈属

识别特征： 体前部平扁，后侧扁而渐细，体表遍布小突起或皮褶。无鳞。体黄褐色，腹部灰白色，体侧有暗色横纹 5 ~ 6 条。头平扁，具黑斑，棘和棱均为皮肤所覆盖。口大，端位。眶下骨突和颈部有棱。前鳃盖骨具 4 个棘，上棘最大，后端向上弯曲。鳃膜有 2 条橙黄色的斜条纹。背鳍 2 个，基部相连，具黑斑。胸鳍大而圆，扇形。腹鳍胸位。尾鳍后缘稍圆。

主要分布： 渤海、黄海、东海及朝鲜半岛、日本海域。

照片来源： 拍摄样本采集于山东近岸渤海海洋保护区。

狮子鱼科 Liparidae

体较长，前部扁平，后部渐狭小。头宽大。皮肤松软，少数有棘突，无鳞。侧线退化。鼻孔 1 个或 2 个。体腔小于尾部长。脊椎骨 36 ~ 86 枚。背鳍 1 个。背鳍、臀鳍长，与尾鳍相连，或接近尾鳍。胸鳍宽，伸至喉部。腹鳍胸位，愈合为吸盘或不愈合。臀鳍鳍条 20 根以上。

我国发现 2 属 6 种，山东渤海海洋保护区海域发现 1 属 1 种。

细纹狮子鱼 *Liparis tanakae*

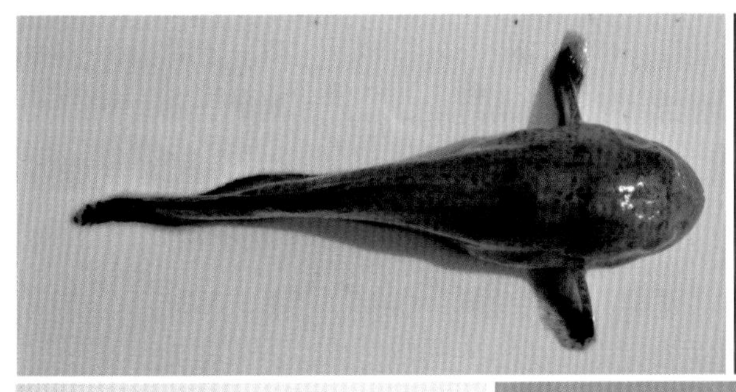

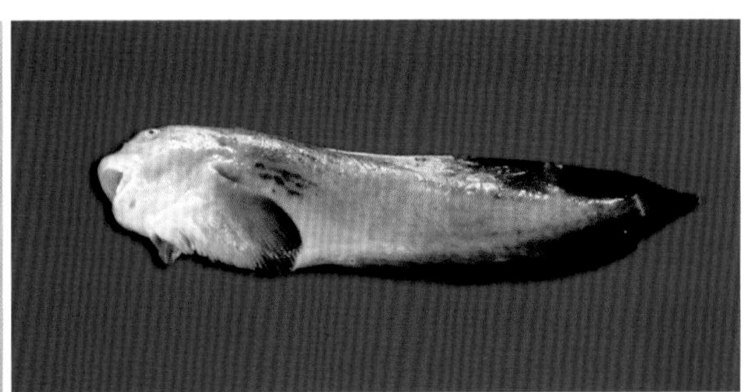

中文种名： 细纹狮子鱼

拉丁学名： *Liparis tanakae*

分类地位： 脊索动物门 / 辐鳍鱼纲 / 鲉形目 / 狮子鱼科 / 狮子鱼属

识别特征： 体前部亚圆筒状，后部逐渐侧扁狭小，皮松软，有时具颗粒状小棘。无鳞。无侧线。体背侧红褐色，腹侧色淡，体长小于 15 厘米时头部有黑色细纵纹，20 厘米以上时，黑纹逐渐消失，仅存黑斑。头宽大，平扁。吻宽钝。口端位。上颌稍突出。眼小，上侧位。背鳍灰黑色，连续，鳍棘细弱。胸鳍灰黑色，基部宽大，向前伸达喉部，成鱼胸鳍下缘不凹入。腹鳍白色，胸位，愈合成吸盘。臀鳍灰黑色，稍短，与背鳍相似。尾鳍灰黑色，长圆形，前 1/2 与背臀鳍相连。

主要分布： 渤海、黄海、东海及朝鲜半岛、日本海域。

照片来源： 拍摄样本采集于山东近岸渤海海洋保护区。

魣科 Sphyraenidae

体梭状，亚圆筒状。体被细小圆鳞。侧线发达，平直。头尖长，头背和两侧被鳞。口大，宽平。上颌骨宽大，有一辅上颌骨，下颌突出。颌齿大，尖锐，扁平或锥形，下颌缝合部有 1 ~ 2 枚强大犬齿，深置于骨凹中。犁骨无齿。腭骨具齿。鳃盖条 7 根，鳃盖膜不与峡部相连。背鳍 2 个，间距大，位于体后方，与臀鳍相似并相对，第 1 背鳍 5 根鳍条，第 2 背鳍 10 根鳍条。胸鳍低位。腹鳍亚胸位。尾鳍叉形。

我国发现 1 属 7 种，山东渤海海洋保护区海域发现 1 属 1 种。

油魣 *Sphyraena pinguis*

中文种名： 油魣

拉丁学名： *Sphyraena pinguis*

分类地位： 脊索动物门 / 辐鳍鱼纲 / 鲈形目 / 魣科 / 魣属

识别特征： 体延长，亚圆筒状。体被细小圆鳞。侧线发达，平直。背部灰褐色，腹部银白色，体侧具褐色带纹。头尖长，头背和两侧被鳞。口大，宽平。上颌骨宽大，下颌突出。前鳃盖骨后下角略呈直角。背鳍 2 个，间距较大，第 1 背鳍起点后于腹鳍起点，第 2 背鳍位于体后方，与臀鳍相似并相对。胸鳍低位，伸过腹鳍基底。腹鳍亚胸位。尾鳍叉形。

主要分布： 渤海、黄海、东海、南海及日本等西太平洋海域。

照片来源： 拍摄样本采集于山东近岸渤海海洋保护区。

鮨科 Serranidae

体延长或长卵圆形，粗壮或侧扁。通常被栉鳞或圆鳞。侧线1条，连续或中断。口大或中大，略倾斜。上颌骨不为眶前骨所遮盖。辅上颌骨有或无。两颌具绒毛状齿或成行排列的细齿，前部或有犬齿。犁骨和腭骨具绒毛状齿，个别无犁骨齿或无腭骨齿。舌光滑或具齿。前鳃盖骨边缘具齿或滑沿。鳃盖骨具1～3枚扁平棘或强棘，上下棘有时为鳞和皮肤遮盖。鳃盖条5～8根（多数为7根）。鳃盖膜不与峡部相连或只在前部微相连。具假鳃。椎骨一般24～26枚，最多不超过35枚。背鳍鳍棘部和鳍条部相连或分离，鳍棘6～13根，鳍条10～27根。胸鳍低位。腹鳍胸位，具1根鳍棘、5根鳍条，无腋鳞。臀鳍鳍棘2～3根，个别无鳍棘，鳍条6～17根。

我国发现35属96种，山东渤海海洋保护区海域发现1属1种。

花鲈 *Lateolabrax maculatus*

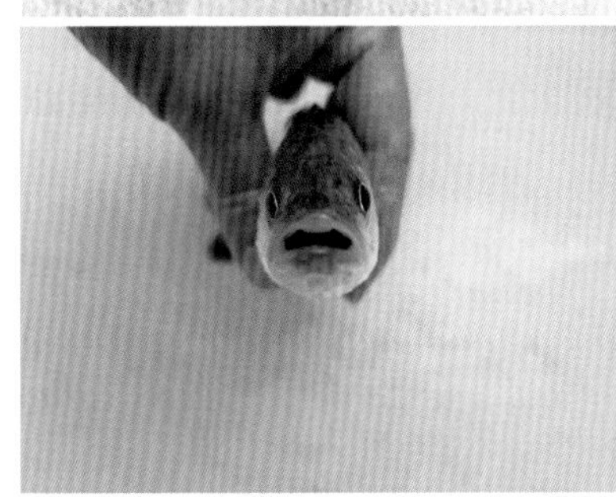

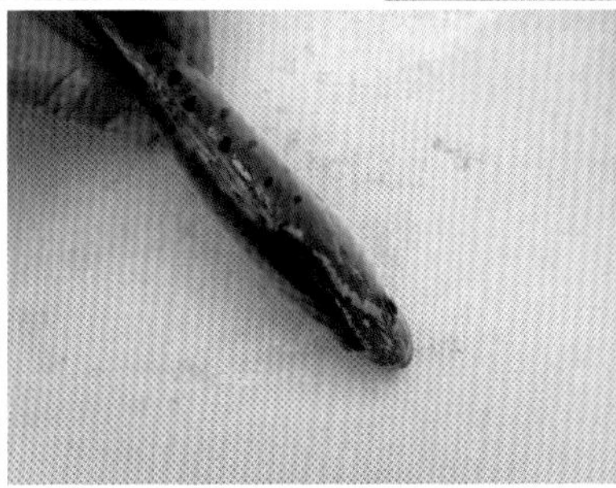

中文种名： 花鲈

拉丁学名： *Lateolabrax maculatus*

分类地位： 脊索动物门 / 辐鳍鱼纲 / 鲈形目 / 鮨科 / 花鲈属

识别特征： 体侧扁，长纺锤形，背腹面皆钝圆。体被小栉鳞。侧线完全，平直。体背部灰褐色，两侧及腹部银灰色，体侧上部及第 1 背鳍有黑色斑点，斑点随年龄的增长而减少。头中等大，略尖。吻尖。口大，端位，斜裂。上颌伸达眼后缘下方。前腮盖骨后缘有细齿，后角下缘有 3 根大刺。后鳃盖骨后端有 1 根刺。背鳍 2 个，基部相连，第 1 背鳍具 12 根硬刺，第 2 背鳍具 1 根硬刺和 11 ~ 13 根软鳍条。尾鳍浅叉形。

主要分布： 渤海、黄海、东海、南海及日本等西太平洋海域。

照片来源： 拍摄样本采集于山东近岸渤海海洋保护区。

天竺鲷科 Apogonidae

体长椭圆形或侧扁。鳞片较大，为弱栉鳞或圆鳞（裸天竺鲷裸露无鳞），颊部与鳃盖被鳞。侧线完全或不完全。头较大。眼大，侧上位，近吻端。口大，口裂斜。颌齿细小，或具犬齿。犁骨和腭骨通常具齿（角天竺鲷亚科无犁齿）。舌无齿。前鳃盖骨边缘光滑或具齿。鳃盖骨棘不发达。鳃盖条7根。鳃盖膜分离。辅上颌骨有或无。背鳍2个，分离，第1背鳍鳍棘6～9根，第1鳍棘通常细短，第2背鳍具1根鳍棘，7～14根鳍条。胸鳍较大，10～23根鳍条。腹鳍胸位，位于胸鳍基部下方或稍前方，1根鳍棘，5根鳍条。臀鳍与第2背鳍形状相似，2根鳍棘，7～18根鳍条。尾鳍圆形、截形或叉形。

我国发现6属30种，山东渤海海洋保护区海域发现1属1种。

细条天竺鲷 *Apogon lineatus*

中文种名：细条天竺鲷

拉丁学名：*Apogon lineatus*

分类地位：脊索动物门 / 辐鳍鱼纲 / 鲈形目 / 天竺鲷科 / 天竺鲷属

识别特征：体侧长椭圆形，侧扁。体被弱栉鳞，鳞较大，易脱落。侧线完全。体灰褐色，体侧有 8 ~ 11 条暗色横条纹，条纹宽小于条间隙。吻短钝。口中等大，口裂斜。眼大，间距约等于眼径。上颌骨后端伸达眼后缘下方。鳃盖骨无棘。背鳍 2 个，分离，第 1 背鳍鳍棘细弱。尾鳍圆弧形。

主要分布：渤海、黄海、东海、南海及日本海域。

照片来源：拍摄样本采集于山东近岸渤海海洋保护区。

鱚科 Sillaginidae

体细长，稍侧扁。体被小栉鳞。侧线完全。头部尖长，具黏液腔。口小，前位，口裂小。眼大，位于头中部。前颌骨能伸缩，上颌骨为眶前骨所遮盖。颌齿细小，犁骨前端具齿，腭骨无齿。前鳃盖骨光滑或具细齿。鳃盖骨具短棘。鳃4个。具假鳃。鳃盖条6根。鳃盖膜不与峡部相连。幽门盲囊数目少。鳔正常或退化。椎骨34～43枚。背鳍2个，分离，第1背鳍具9～12根鳍棘，第2背鳍具1根鳍棘，16～26根鳍条。腹鳍胸位，具1根鳍棘，5根鳍条。臀鳍具1～2根鳍棘，15～27根鳍条。尾鳍微凹。

我国发现1属3种，山东渤海海洋保护区海域发现1属1种。

多鳞鱚 *Sillago sihama*

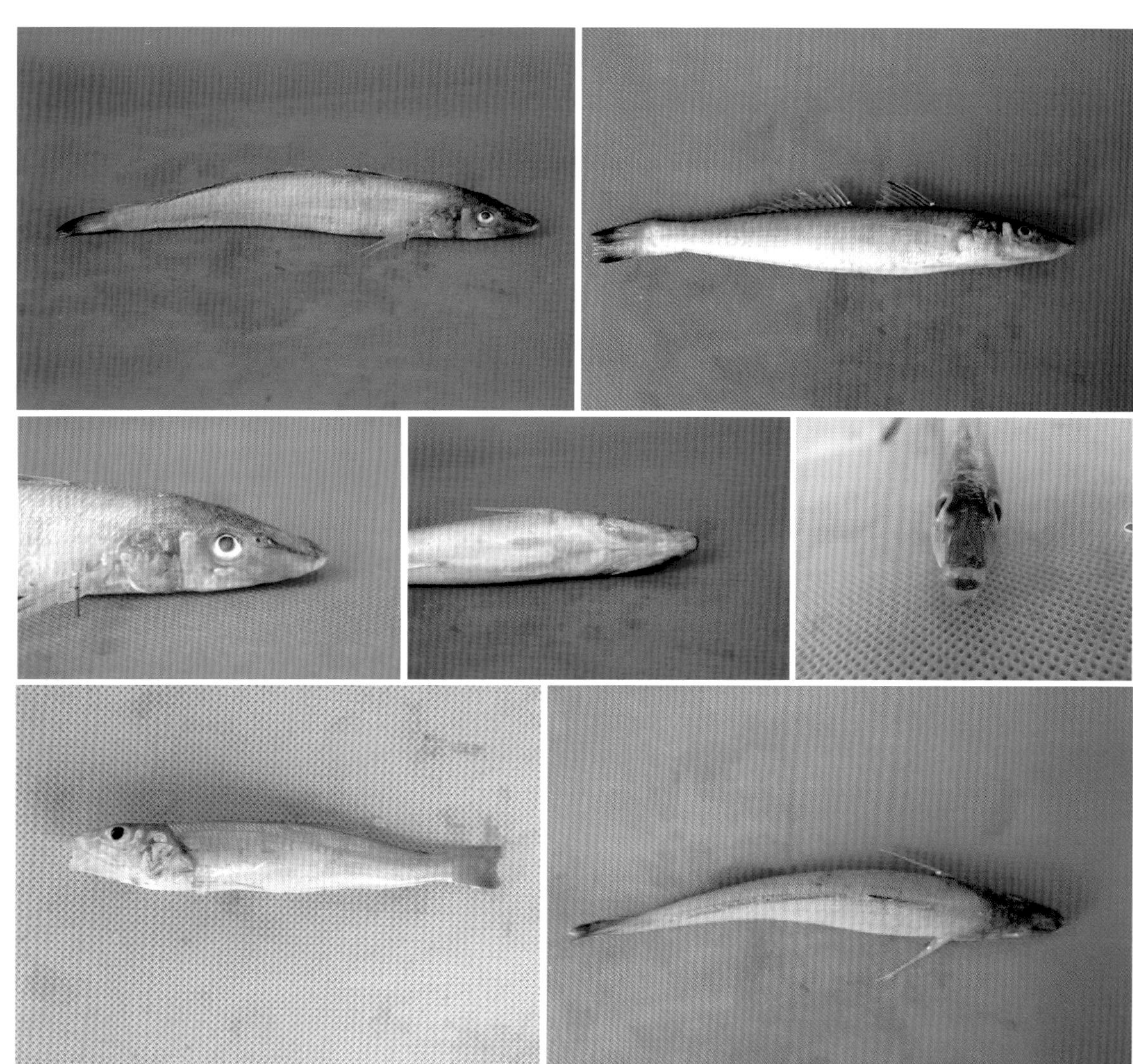

中文种名：多鳞鱚

拉丁学名：*Sillago sihama*

分类地位：脊索动物门 / 辐鳍鱼纲 / 鲈形目 / 鱚科 / 鱚属

识别特征：体细长，稍侧扁，略呈圆柱形。体被小栉鳞。侧线明显，伸至尾鳍，侧线鳞 4 ～ 6 片。体背部灰褐色，腹部乳白色，体侧及各鳍无斑纹、斑点，背鳍、胸鳍、腹鳍及臀鳍浅灰色。头部尖长。吻钝尖。口小，前位，口裂小。前颌骨能伸缩。眼大、卵形，眼间隔被栉鳞。鳃盖骨具短棘。背鳍 2 个，分离，第 2 背鳍长并与臀鳍相对，无硬棘。腹鳍胸位。尾鳍浅凹形。

主要分布：渤海、黄海、东海、南海及日本、澳大利亚、南非等海域。

照片来源：拍摄样本采集于山东近岸渤海海洋保护区。

石首鱼科 Sciaenidae

体侧长椭圆形，稍侧扁，尾柄短或中长。体被圆鳞或栉鳞。侧线完全，伸达尾鳍末端。头钝圆或尖，被鳞，黏液腔发达。吻钝尖或圆突，吻褶发达，分叶或不分叶。口小或中等大，下位或亚前位。颌齿细小，绒毛状，上颌外行齿稍扩大，下颌齿细小，上、下颌前端或仅上颌前端具犬齿。犁骨、腭骨及舌无齿。吻部及颏部具黏液孔，吻部黏液孔位于吻及吻褶前缘。个别种类具颏须。鳃盖条 6 ~ 7 根，鳃盖膜不与峡部相连，鳃 4 个。前鳃盖骨后缘具细齿，隅角具强棘。鳃盖骨后缘具二弱扁棘。鳔发达，圆桶形、锤形或锚形，有时前端两侧向后作管状延长，鳔两侧常具多对侧肢，有时尚有分支。椎骨 20 ~ 30 枚。背鳍延长，鳍棘部与鳍条部相连，中间有深缺刻，个别 2 鳍连续无缺刻，具 6 ~ 13 根鳍棘，20 ~ 35 根鳍条。胸鳍具 16 ~ 22 根鳍条。腹鳍胸位，具 1 根鳍棘，5 根鳍条。臀鳍具 1 ~ 2 根鳍棘，6 ~ 23 根鳍条。尾鳍圆形、截形、叉形或楔形。

我国发现 17 属 30 种，山东渤海海洋保护区海域发现 6 属 6 种。

棘头梅童鱼 *Collichthys lucidus*

中文种名： 棘头梅童鱼

拉丁学名： *Collichthys lucidus*

分类地位： 脊索动物门 / 辐鳍鱼纲 / 鲈形目 / 石首鱼科 / 梅童鱼属

识别特征： 体侧扁，前部高，后部渐细，尾柄细长。体被薄小圆鳞，易脱落。侧线明显。体背部金黄色或灰褐色、下腹侧金黄色、腹部白色。头大而钝圆，额头突起，枕骨棘棱显著，有前、后 2 根棘，马鞍形，棘间有 2 ～ 3 根小棘。吻圆钝。背鳍棘部与鳍条部间有一凹刻，棘细弱。尾鳍尖形。

主要分布： 渤海、黄海、东海、南海及朝鲜半岛、日本、菲律宾等西太平洋海域。

照片来源： 拍摄样本采集于山东近岸渤海海洋保护区。

皮氏叫姑鱼 *Johnius belengerii*

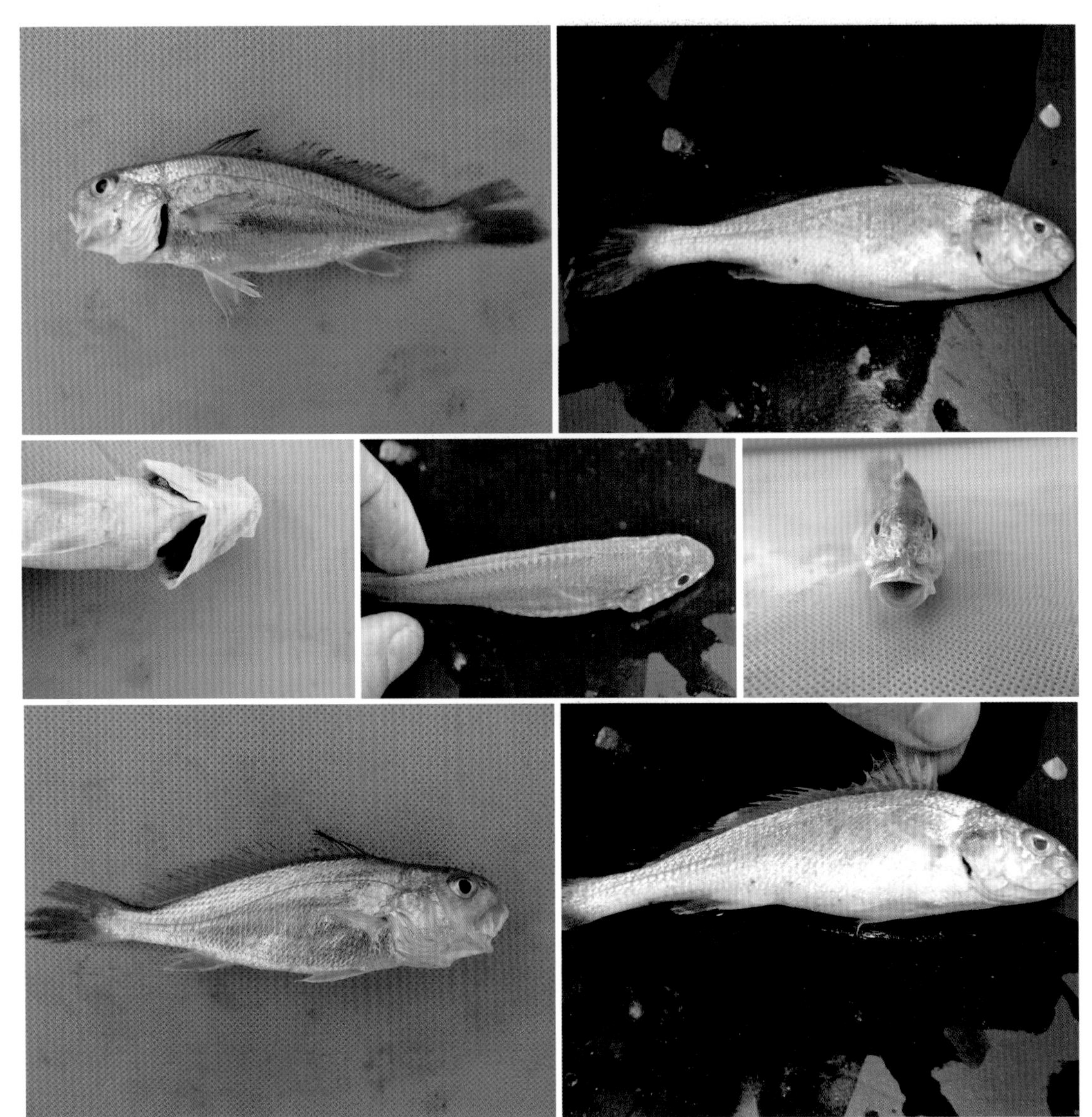

中文种名： 皮氏叫姑鱼

拉丁学名： *Johnius belengerii*

分类地位： 脊索动物门 / 辐鳍鱼纲 / 鲈形目 / 石首鱼科 / 叫姑鱼属

识别特征： 体长而侧扁，尾柄细长。体被栉鳞。侧线明显。体背侧灰褐色，腹面银白色。头部被圆鳞。吻钝圆，突出。口小，下位。颏部无须，颏下有 5 个小孔。背鳍较长，前部有一较深缺刻，背鳍鳍条部被多行小圆鳞，直达鳍条顶端。臀鳍第 2 棘粗长，鳍条部被多行小圆鳞，直达鳍条顶端。尾鳍楔形。

主要分布： 渤海、黄海、东海、南海及朝鲜半岛、日本、印度尼西亚、菲律宾、印度洋非洲南岸等印度—西太平洋海域。

照片来源： 拍摄样本采集于山东近岸渤海海洋保护区。

鮸 *Miichthys miiuy*

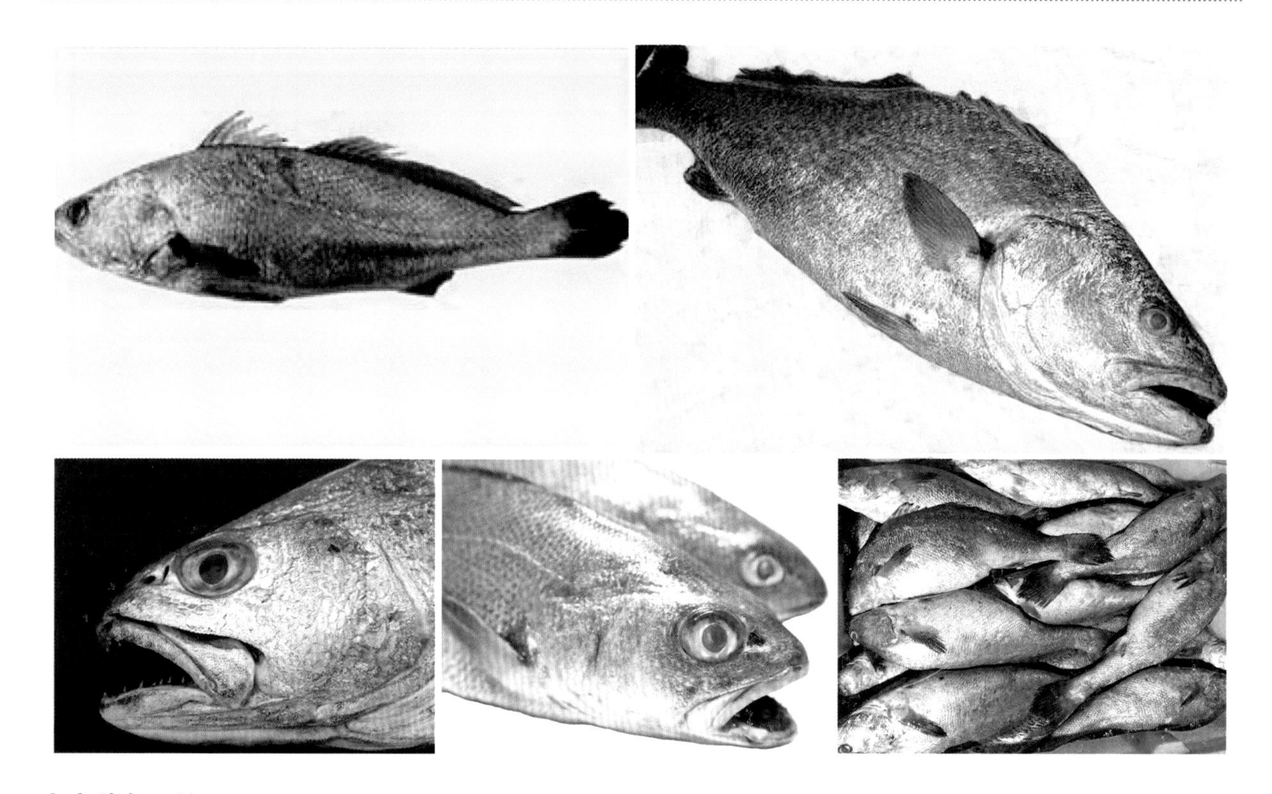

中文种名： 鮸

拉丁学名： *Miichthys miiuy*

分类地位： 脊索动物门 / 辐鳍鱼纲 / 鲈形目 / 石首鱼科 / 鮸属

识别特征： 体长椭圆形，侧扁，略延长。体被栉鳞。侧线明显。体色较暗，灰褐色并间杂紫绿色，腹部灰白色。头部被栉鳞。吻短钝，不突出，被小圆鳞。颌下有 4 个小孔。鳃盖被小圆鳞。背鳍长，前部有一较深缺刻，鳍条部被多行小圆鳞，直达鳍条顶端，鳍棘上缘黑色，鳍条部中央有 1 纵行黑色条纹。胸鳍腋部上方有一晴斑。臀鳍被多行小圆鳞，直达鳍条顶端。尾鳍楔形。

主要分布： 渤海、黄海、东海、南海及朝鲜半岛、日本等西北太平洋海域。

照片来源： 拍摄样本采集于山东近岸渤海海洋保护区。

黄姑鱼 *Nibea albiflora*

中文种名： 黄姑鱼

拉丁学名： *Nibea albiflora*

分类地位： 脊索动物门 / 辐鳍鱼纲 / 鲈形目 / 石首鱼科 / 黄姑鱼属

识别特征： 体延长，侧扁。体被栉鳞。侧线明显。体背部浅灰色，两侧浅黄色，有多条黑褐色波状细纹斜向前方。头钝尖。吻短钝、微突出。无颏须，有 5 个小孔。背鳍较长，灰褐色，鳍棘上方为黑色，鳍条基部有一灰白色纵纹。前部有一较深缺刻。胸鳍、腹鳍及臀鳍基部稍带红色。尾鳍楔形。

主要分布： 渤海、黄海、东海、南海及朝鲜半岛、日本海域。

照片来源： 拍摄样本采集于山东近岸渤海海洋保护区。

银姑鱼 *Pennahia argentata*

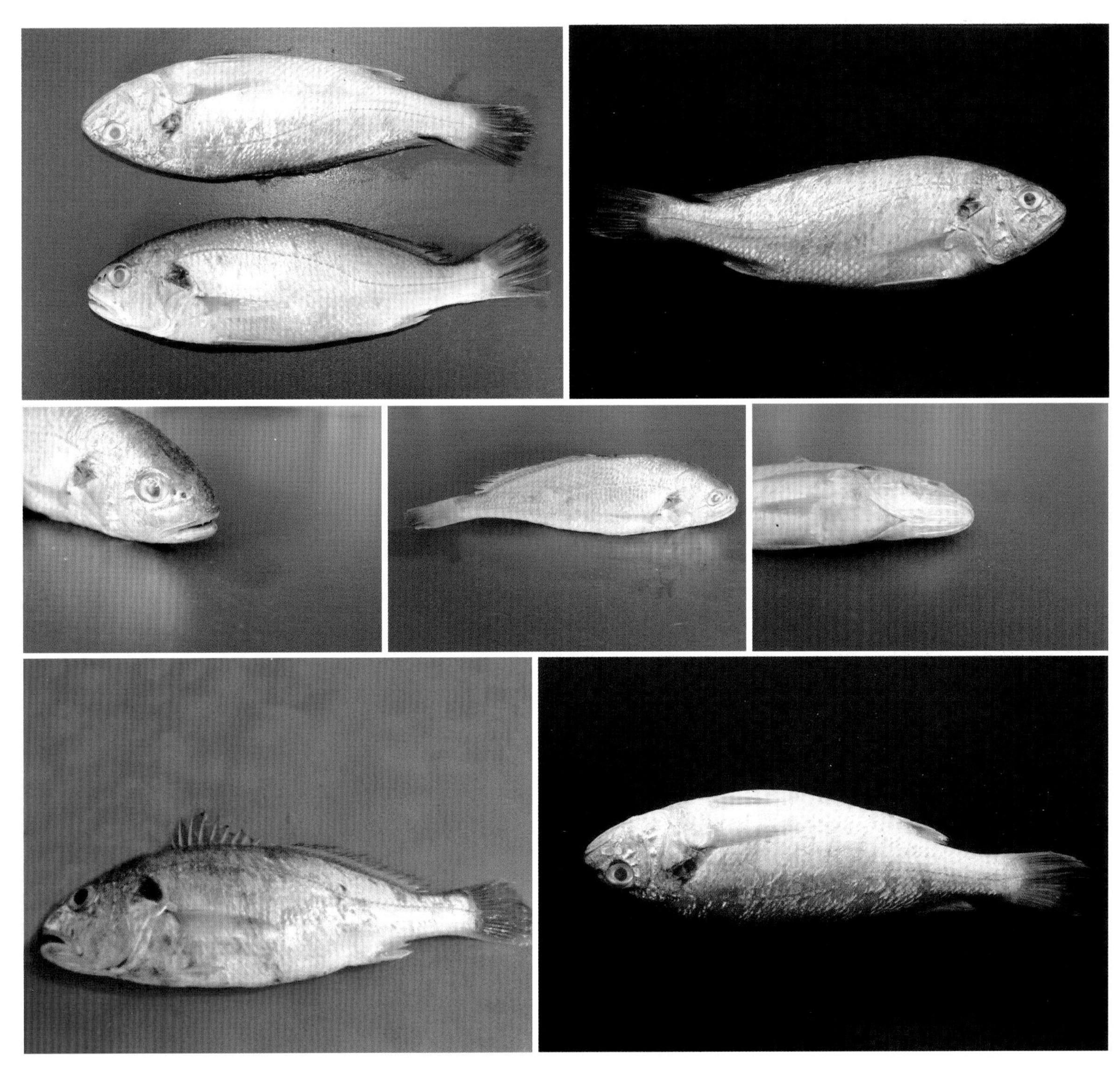

中文种名： 银姑鱼

拉丁学名： *Pennahia argentata*

分类地位： 脊索动物门 / 辐鳍鱼纲 / 鲈形目 / 石首鱼科 / 银姑鱼属

识别特征： 体延长，侧扁，椭圆形。体被栉鳞，鳞片大而疏松，颊部及鳃盖被圆鳞。侧线明显。体侧灰褐色，腹部灰白色。吻圆钝。颏孔细小，6 个或 4 个，无颏须。口中等大，口裂斜，前位。上颌与下颌等长。背鳍延长，有缺刻，鳍条部有鳞鞘。胸鳍淡黄色。臀鳍基部有鳞鞘。尾鳍楔形，淡黄色。

主要分布： 渤海、黄海、东海、南海及朝鲜半岛、日本海域。

照片来源： 拍摄样本采集于山东近岸渤海海洋保护区。

小黄鱼 *Larimichthys polyactis*

中文种名： 小黄鱼

拉丁学名： *Larimichthys polyactis*

分类地位： 脊索动物门 / 辐鳍鱼纲 / 鲈形目 / 石首鱼科 / 黄鱼属

识别特征： 体侧扁，尾柄细、长约为高的 2 倍。体被栉鳞，鳞较大，稀少。侧线明显。体背侧黄褐色，腹侧金黄色。头大，被栉鳞。口宽，倾斜，前位。上、下唇等长，闭口时较尖。下颌无须，颏部有 6 个不明显的细孔。背鳍 2/3 以上鳍条膜被小圆鳞。臀鳍第 2 鳍棘长小于眼径，2/3 以上鳍条膜被小圆鳞。尾鳍尖长，略呈楔形。

主要分布： 渤海、黄海、东海及朝鲜半岛、日本海域。

照片来源： 拍摄样本采集于山东近岸渤海海洋保护区。

鲷科 Sparidae

体长椭圆形或卵圆形，侧扁而高，背缘隆起。体被中大圆鳞或栉鳞。侧线完全，高位，走向与背缘平行。头大。口小或中等大，近水平位，稍突出。上颌骨大部或全部为眶前骨所遮盖，后端未伸达眼中部的下方，无辅上颌骨。颌齿发达，前端犬齿、锥齿或门齿状，两侧臼齿或颗粒齿状。犁骨、腭骨和舌无齿。鳃 4 个，鳃盖条 5 ~ 7 根，鳃盖膜不与峡部相连。假鳃发达。椎骨 24 枚。背鳍鳍棘和鳍条相连，中间或有缺刻，鳍棘 10 ~ 15 根，鳍条 9 ~ 17 根。胸鳍尖长。腹鳍在胸鳍基底下方或后下方，1 根鳍棘，5 根鳍条，具腋鳞。臀鳍具 3 根鳍棘，8 ~ 14 根鳍条，一般臀鳍第 2 根鳍棘最强。尾鳍叉形。

我国发现 9 属 20 种，山东渤海海洋保护区海域发现 2 属 2 种。

真鲷 *Pagrus major*

中文种名：真鲷

拉丁学名：*Pagrus major*

分类地位：脊索动物门 / 辐鳍鱼纲 / 鲈形目 / 鲷科 / 真鲷属

识别特征：体侧扁，长椭圆形，头部至背鳍前隆起。体被大弱栉鳞，背部及腹面鳞较大。侧线完全。体淡红色，体侧背部散布鲜艳的蓝色斑点。头大，被紧密小细鳞。口小，前位。背鳍 1 个，基部有白色斑点。胸鳍尖长，被紧密小细鳞。尾鳍叉形，后缘墨绿色。

主要分布：渤海、黄海、东海、南海及朝鲜半岛、日本海域。

照片来源：拍摄样本采集于山东近岸渤海海洋保护区。

黑棘鲷（切氏黑鲷）*Sparus macrocephalus*

中文种名： 黑棘鲷（切氏黑鲷）

拉丁学名： *Sparus macrocephalus*

分类地位： 脊索动物门 / 辐鳍鱼纲 / 鲈形目 / 鲷科 / 鲷属

识别特征： 体侧扁，长椭圆形。体被中大弱栉鳞。侧线完全，与背缘平行。体灰黑色，侧线起点处具黑斑点，体侧常有数条黑色横带。头中等大，前端钝尖。口较小。眼中等大，侧上位，两眼之间与前鳃盖骨后下部无鳞。背鳍灰色，有硬棘 11 ~ 12 根。胸鳍黄色。腹鳍灰色，胸位。尾鳍叉形，灰色。

主要分布： 渤海、黄海、东海、南海及朝鲜半岛、日本海域等西北太平洋海域。

照片来源： 拍摄样本采集于山东近岸渤海海洋保护区。

锦鳚科 Pholidae

体细长，甚侧扁，尾柄不明显。体被小圆鳞。侧线不完全或无。头部无皮瓣。两颌具齿。犁骨和腭骨具齿或无齿，左右鳃盖膜彼此相连，一般不与峡部相连。椎骨 84 ~ 107 枚。无肋骨。无幽门盲囊。背鳍长约为臀鳍基底长的 2 倍，由 75 ~ 100 根鳍棘组成。胸鳍短小，退化或消失。腹鳍甚小，1 根鳍棘，1 根鳍条，腹鳍或缺。背鳍、臀鳍常与尾鳍相连。

我国发现 1 属 3 种，山东渤海海洋保护区海域发现 1 属 2 种。

云鳚 *Enedrias nebulosus*

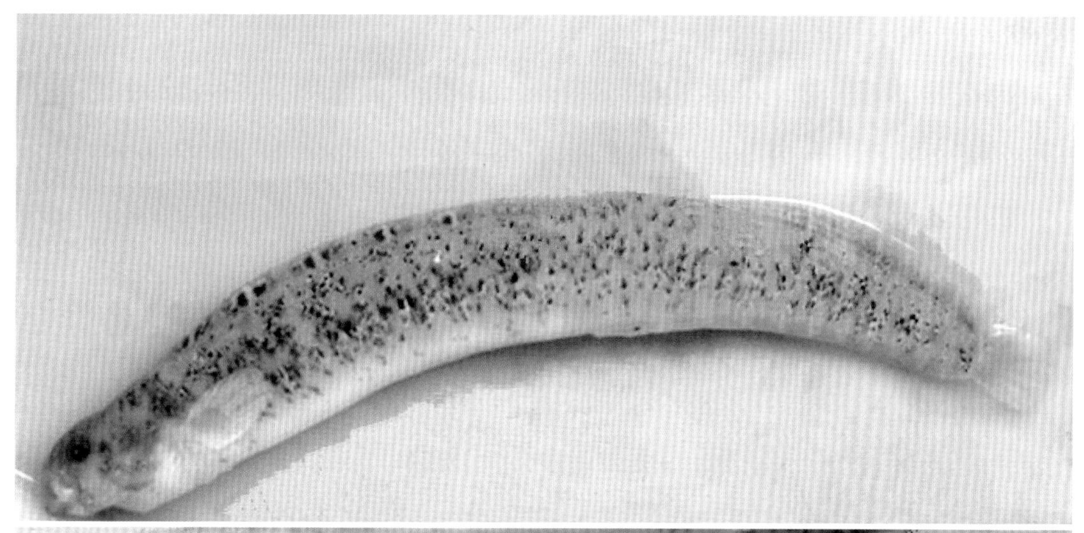

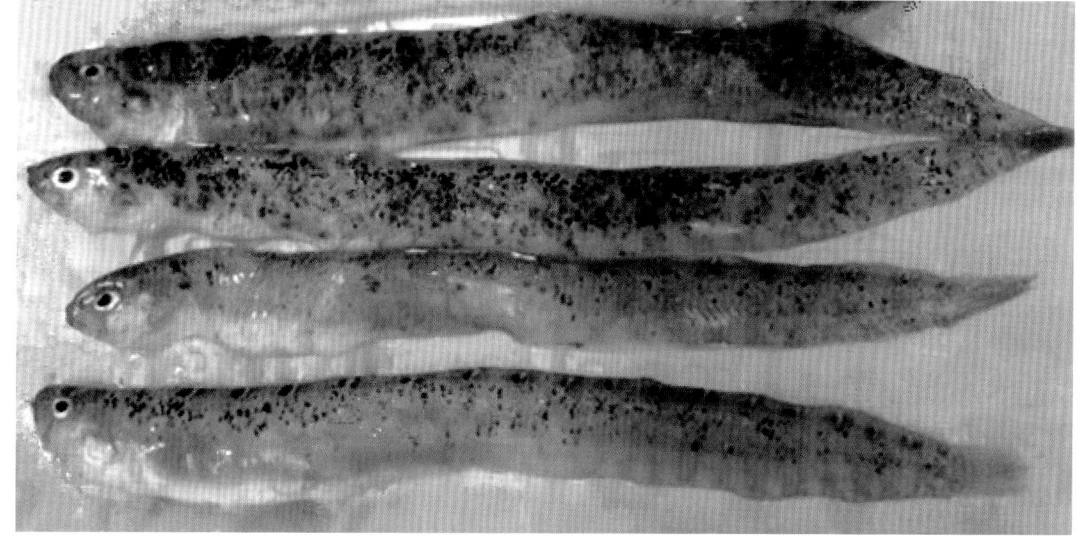

中文种名： 云鳚

拉丁学名： *Enedrias nebulosus*

分类地位： 脊索动物门 / 辐鳍鱼纲 / 鲈形目 / 锦鳚科 / 云鳚属

识别特征： 体延长，甚侧扁，呈带状。体被小圆鳞。无侧线。体背侧淡灰褐色，腹面浅黄色，背面、体侧、背鳍和臀鳍有多块暗色云状斑，排列整齐。头短小，长约为胸鳍长的2.5倍。吻钝圆。口小，前位，稍斜裂。下颌略长于上颌。眼小，侧上位。背鳍1个，基底与背缘近等长，由鳍棘组成，棘短，末端与尾鳍基相连。胸鳍长圆形，侧下位。腹鳍退化，特短小，喉位。臀鳍基底短，始于背鳍基底近中下方，鳍条稍长，前缘有2根棘，末端与尾鳍基相连。尾鳍圆形，色暗。

主要分布： 渤海、黄海、东海及朝鲜半岛、日本海域。

照片来源： 拍摄样本采集于山东近岸渤海海洋保护区。

方氏云鳚 *Enedrias fangi*

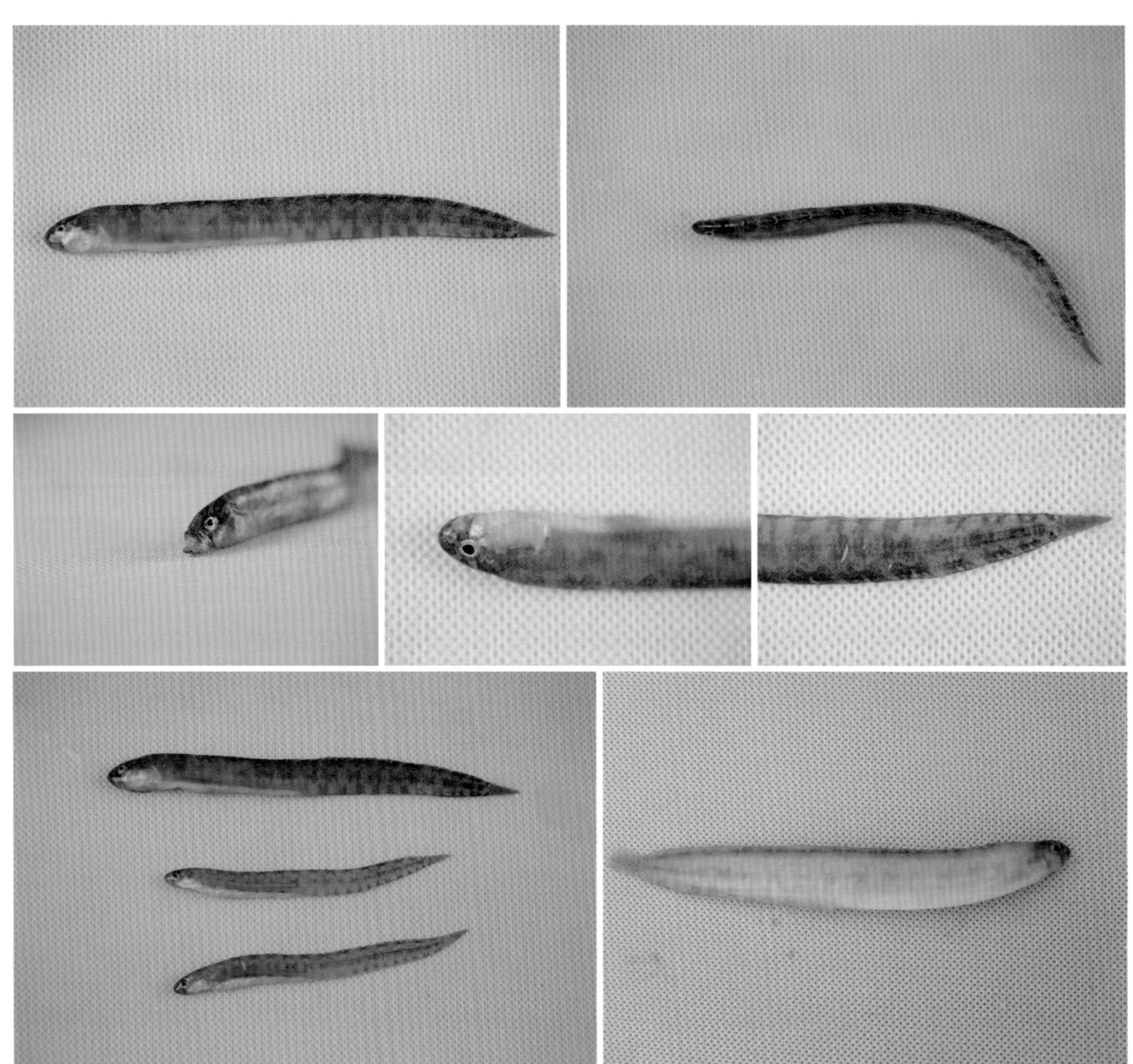

中文种名： 方氏云鳚

拉丁学名： *Enedrias fangi*

分类地位： 脊索动物门 / 辐鳍鱼纲 / 鲈形目 / 锦鳚科 / 云鳚属

识别特征： 体延长，带状。体被小圆鳞。无侧线。成体棕褐色，腹部色淡，背上缘和背鳍有 13 条白色垂直细横纹，横纹两侧色较深，体侧有云状褐色斑块，自眼间隔至眼下有一黑色横纹，眼后顶部有 1 个 V 形灰白色纹，其后为同形黑纹。头短小，长约为胸鳍长的 1.5 倍。吻钝圆。口小，前位，稍斜裂。下颌略长于上颌。眼小，侧上位。背鳍 1 个，棕色，基底与背缘近等长，由鳍棘组成，棘短，末端与尾鳍基相连。胸鳍棕色，长圆形，侧下位。腹鳍退化，特短小，喉位。臀鳍色浅，基底短，始于背鳍基底近中下方，鳍条稍长，前缘有 2 棘，末端与尾鳍基相连。尾鳍圆形，棕色。

主要分布： 渤海、黄海。

照片来源： 拍摄样本采集于山东近岸渤海海洋保护区。

绵鳚科 Zoarcidae

体颇长，鳗鱼状。体表裸露无鳞或被细小圆鳞。头卵圆形或平扁，感觉管小或大，头部和鳃盖诸骨无棘。眼位于或近于头部背面。口小或中等大，前位或下位。颌齿小，锥状。犁骨和腭骨具齿或无齿。鳃孔或宽阔或小孔状，鳃盖条 4 ～ 7 根，鳃盖膜与峡部相连。具假鳃。幽门盲囊少于 3 个。无鳔。背鳍和臀鳍等长，与尾鳍相连。臀鳍无鳍棘。腹鳍如有，必喉位，2 ～ 3 根鳍条，个别有 1 根鳍棘。

我国发现 2 属 2 种，山东渤海海洋保护区海域发现 1 属 1 种。

绵鳚 *Zoarces elongatus*

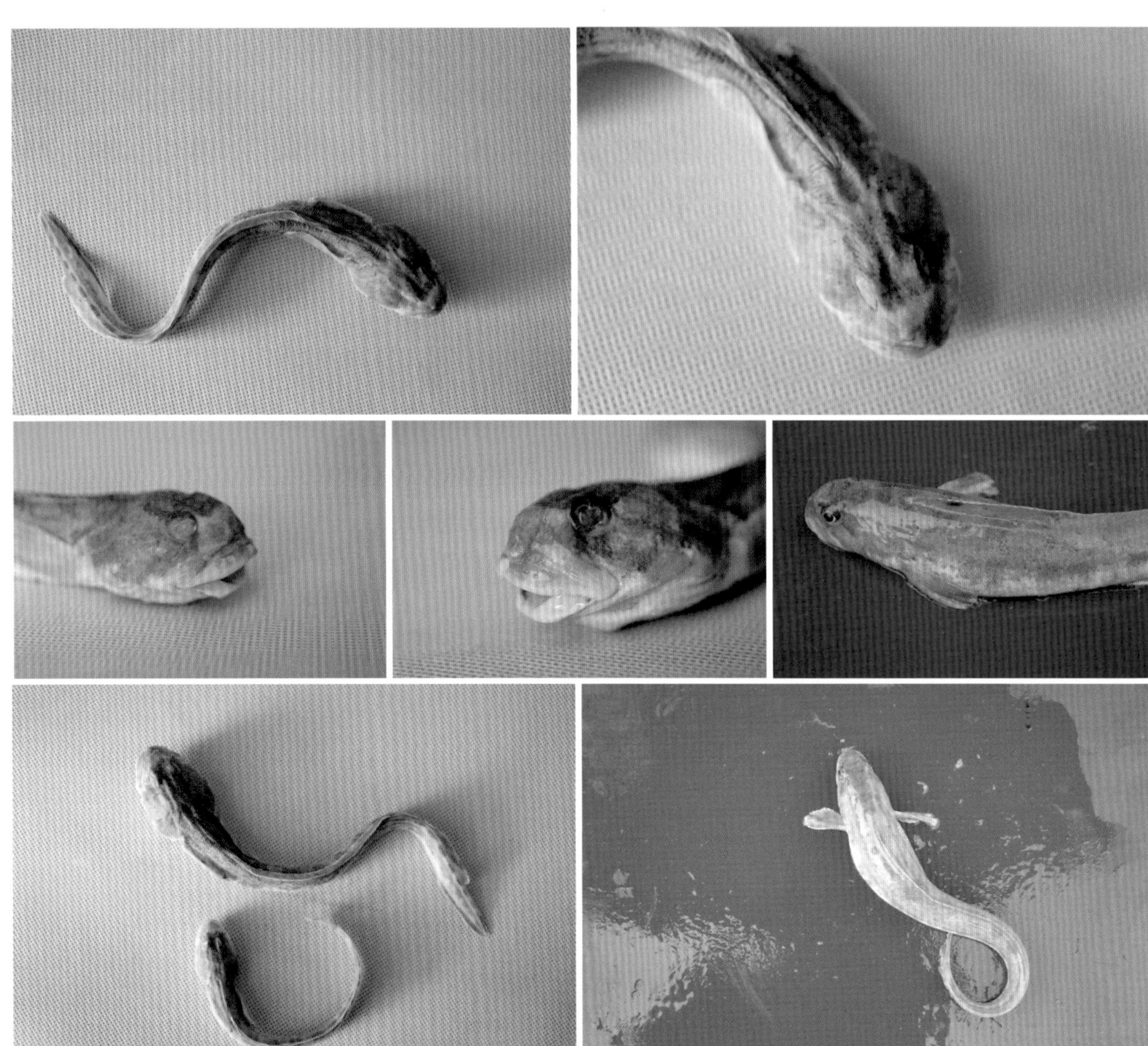

中文种名： 绵鳚

拉丁学名： *Zoarces elongatus*

分类地位： 脊索动物门 / 辐鳍鱼纲 / 鲈形目 / 绵鳚科 / 绵鳚属

识别特征： 体延长，后部侧扁。体被细小圆鳞，鳞深埋于皮下。体淡黄黑色，背缘及体侧有 13 ~ 18 个纵行黑色斑块及灰褐色云状斑，背鳍第 4 至第 7 鳍条上具一黑斑。吻钝圆。眼小。口大。上颌稍突出。背鳍和臀鳍基部长，背鳍始于鳃盖边缘延至尾端与尾鳍相连。胸鳍宽圆。腹鳍小，喉位。尾鳍尖形、不分叉。

主要分布： 渤海、黄海、东海及朝鲜半岛、日本等西北太平洋海域。

照片来源： 拍摄样本采集于山东近岸渤海海洋保护区。

注：*Zoarces elongatus* 与 *Enchelyopus elongates* 为同种异名。

线鳚科 Stichaeidae

体长形，或很细长，侧扁。无鳞或有小圆鳞。头部有或无皮质突起。上下颌、犁骨及腭骨均有牙齿，少数腭骨无牙齿。侧线缺失，或每侧 1 ~ 4 条，有或无斜形短叉枝。下颌及前鳃盖骨等处，常具显著黏液小孔。背鳍长，多数种类全部由鳍棘组成，后端常与尾鳍相连。臀鳍长，鳍条 30 ~ 50 根，有 1 ~ 2 根鳍棘或无。胸鳍较大。腹鳍有或无。尾鳍常与背鳍和臀鳍相连。

我国发现 5 属 6 种，山东渤海海洋保护区海域发现 1 属 1 种。

日本眉鳚 *Chirolophis japonicus*

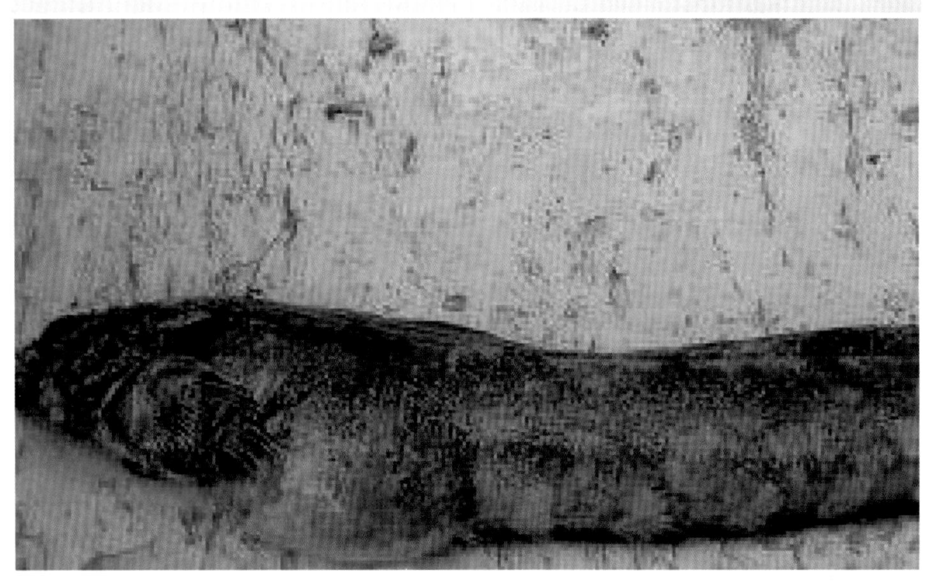

中文种名： 日本眉鳚

拉丁学名： *Chirolophis japonicus*

分类地位： 脊索动物门 / 辐鳍鱼纲 / 鲈形目 / 线鳚科 / 眉鳚属

识别特征： 体延长，侧扁。头部、背鳍前端和侧线具皮瓣。体被细小长圆鳞，大多埋于皮下。具侧线，位于胸鳍上方，为很短的 1 行小孔。体色艳丽，有橙黄、橘红、浅棕等色，并间杂淡色区，腹部色较浅，头部下方有浅色横纹，体侧有 8 ～ 10 条褐色云状横斑，背缘和背鳍有 8 ～ 9 条黑褐色宽横纹。头小，侧扁。吻圆钝。口较小，下位，稍倾斜。下颌略长于上颌。眼较大，侧上位。背鳍 1 个，基底与背缘近等长，末端有鳍膜与尾鳍基相连。胸鳍圆形，宽大，褐色，侧下位。腹鳍小，黑色，喉位。臀鳍基底长，始于背鳍基底中前下方，臀鳍有 7 ～ 8 条黑褐色宽横斑，与体侧下方横斑相连。尾鳍圆形，有 1 ～ 2 条不规则横纹。各鳍边缘均与体色一样艳丽。

主要分布： 渤海、黄海及朝鲜半岛、日本海域。

照片来源： 拍摄样本采集于山东近岸渤海海洋保护区。

螣科 Uranoscopidae

体粗壮侧扁。体表裸露无鳞或被细小圆鳞，鳞均向后向下排成斜行，胸腹部鳞不显著。侧线高位。头部宽大，略平扁，部分被骨板。眼小，大多位于头背面。唇缘穗状。口裂近直立。前颌骨能伸缩，上颌骨宽，大部分外露，无辅上颌骨。颌齿绒毛状。犁骨和腭骨具齿。椎骨24～26枚。个别种类无第1背鳍，第2背鳍基底较短。胸鳍上方和鳃盖后方有2枚尖肱棘，基部有毒腺。腹鳍喉位，相距较近，具1根鳍棘、5根鳍条。臀鳍基底较短。

我国发现4属6种，山东渤海海洋保护区海域发现1属1种。

青鰧 *Gnathagnus elongatus*

中文种名： 青鰧

拉丁学名： *Gnathagnus elongatus*

分类地位： 脊索动物门 / 辐鳍鱼纲 / 鲈形目 / 鰧科 / 鰧属

识别特征： 体前部平扁，后部逐渐侧扁。体被细小圆鳞。具侧线。体背部青褐色，具不规则蓝绿色斑点，腹部浅白色。头顶及两侧大部分被骨板。眼较小，上位，间隔宽。口宽大，直立形。下颌前腹侧有 2 条骨棱。鳃盖骨常有一钝棘。背鳍 1 个，无鳍棘。胸鳍淡黄色。腹鳍喉位。臀鳍长于背鳍。尾鳍截形，黑褐色。

主要分布： 渤海、黄海、东海、南海及朝鲜半岛、日本、印度尼西亚等西太平洋海域。

照片来源： 拍摄样本采集于山东近岸海域。

玉筋鱼科 Ammodytidae

体细长，圆柱形。体被小圆鳞。侧线完全，侧中位或近背缘。口稍大。下颌突出。颌齿绒毛状，或无颌齿。犁骨和腭骨无齿。鳃盖条 6 ~ 8 根，鳃盖膜分离，不与峡部相连。具假鳃。背鳍基底长，由鳍条组成。腹鳍有或无，如有必喉位，具 1 根鳍棘、3 根鳍条。

我国发现 3 属 3 种，山东渤海海洋保护区海域发现 1 属 1 种。

玉筋鱼 *Ammodytes personatus*

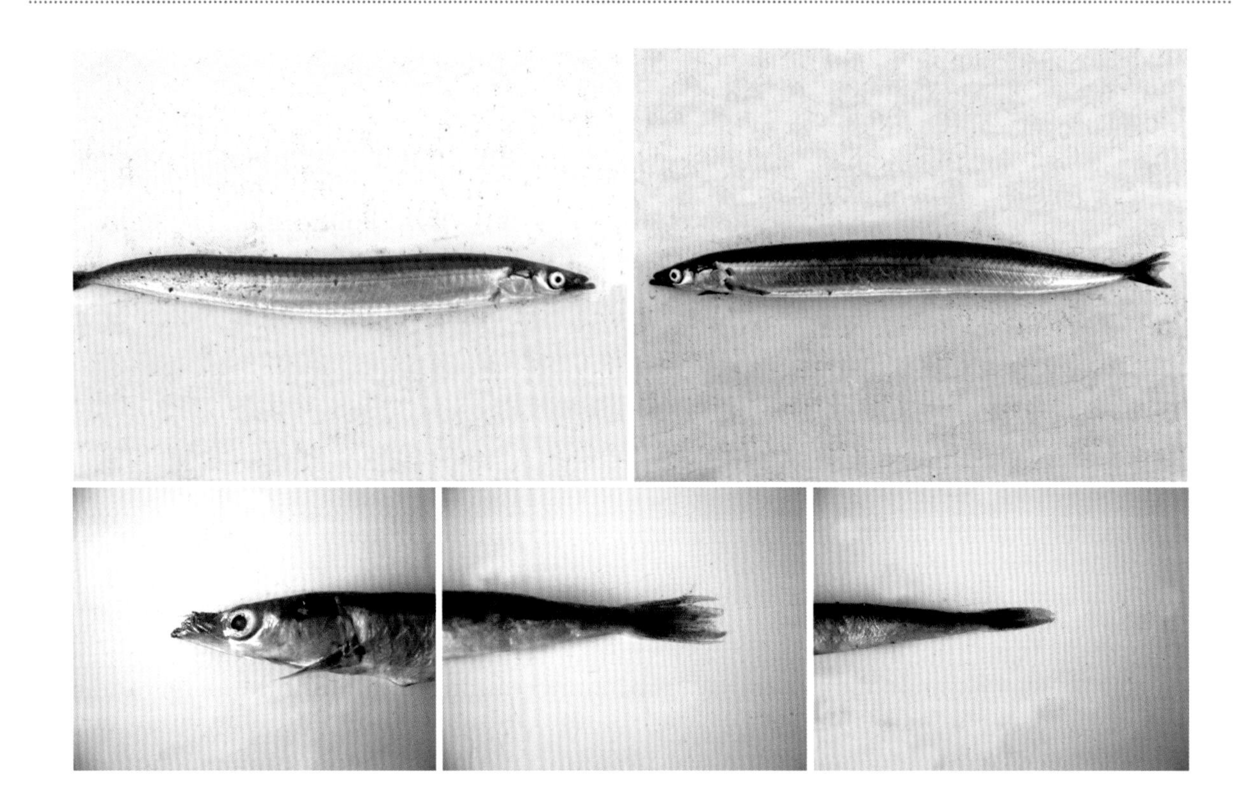

中文种名： 玉筋鱼

拉丁学名： *Ammodytes personatus*

分类地位： 脊索动物门 / 辐鳍鱼纲 / 鲈形目 / 玉筋鱼科 / 玉筋鱼属

识别特征： 体细长，圆柱形。体被小圆鳞。侧线高位，近背缘。体青灰色或乳白色，半透明。头长。口大，端位。下颌突出于上颌。背鳍1个，基底长。腹鳍小，喉位。臀鳍基底短。尾鳍小，浅分叉。

主要分布： 渤海、黄海及朝鲜半岛、日本等西太平洋海域。

照片来源： 拍摄样本采集于山东近岸渤海海洋保护区。

鲔科 Callionymidae

体宽而平扁，后部渐细。体表裸露无鳞。具侧线。眼中等大，位于头背侧。口小，能伸缩。颌齿绒毛状。鳃孔甚小，上侧位。前鳃盖骨具一强棘，鳃盖骨和下鳃盖骨无棘。多无基蝶骨和后颞骨。鼻骨成对。2 后匙骨。尾下骨愈合。背鳍 2 个，分离，3 ～ 4 根鳍棘，6 ～ 11 根鳍条。腹鳍喉位，具 1 根鳍棘、5 根鳍条。臀鳍有 4 ～ 10 根鳍条。

我国发现 11 属 42 种，山东渤海海洋保护区海域发现 1 属 1 种。

绯䲗 *Callionymus beniteguri*

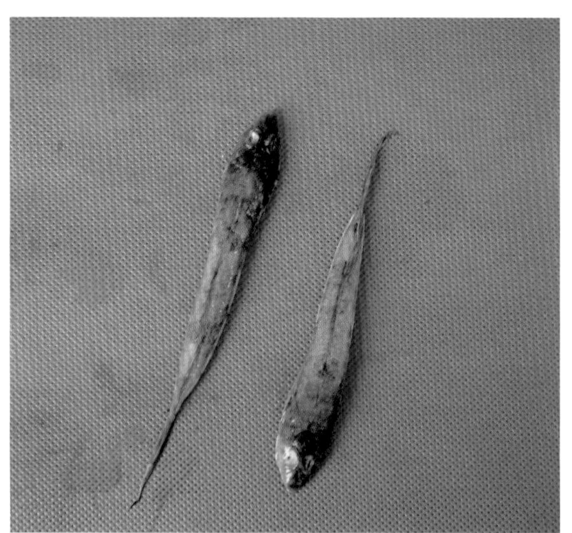

中文种名： 绯䲗

拉丁学名： *Callionymus beniteguri*

分类地位： 脊索动物门 / 辐鳍鱼纲 / 鲈形目 / 䲗科 / 䲗属

识别特征： 体延长，宽而平扁，后部渐细。体表裸露无鳞。具侧线。头平扁，背面三角形。眼小，上位。前鳃盖骨棘后端向上弯曲，外侧具一向前的倒棘，上缘具 4 刺。第 1 背鳍第 1 至第 3 鳍棘呈短丝状延长，可伸到第 2 背鳍起点稍后方，最后鳍条分支。腹鳍喉位。臀鳍具深色斜纹，最后鳍条分支。尾鳍下部色暗，中间鳍条较长。

主要分布： 渤海、黄海、东海、南海及朝鲜半岛、日本等西北太平洋海域。

照片来源： 拍摄样本采集于山东近岸渤海海洋保护区。

带鱼科 Trichiuridae

体甚延长，侧扁，带状。鳞退化。侧线1条。口大。颌齿尖锐而侧扁，前部犬齿。犁骨无齿，腭骨具细齿。上颌骨为眶前骨所遮盖。一般每侧鼻孔1个。椎骨58～192枚。背鳍甚长，始自鳃盖骨上方，直达尾端，鳍棘部短于鳍条部（叉尾带鱼属和短尾带鱼属的鳍棘部和鳍条部间有一明显缺刻）。胸鳍短小。腹鳍退化成鳞片状鳍棘（叉尾带鱼属具一退化鳍条）或完全消失。臀鳍常由分离短棘组成，或消失。尾鳍小，或消失。

我国发现8属11～12种，山东渤海海洋保护区海域发现2属2种。

小带鱼 *Eupleurogrammus muticus*

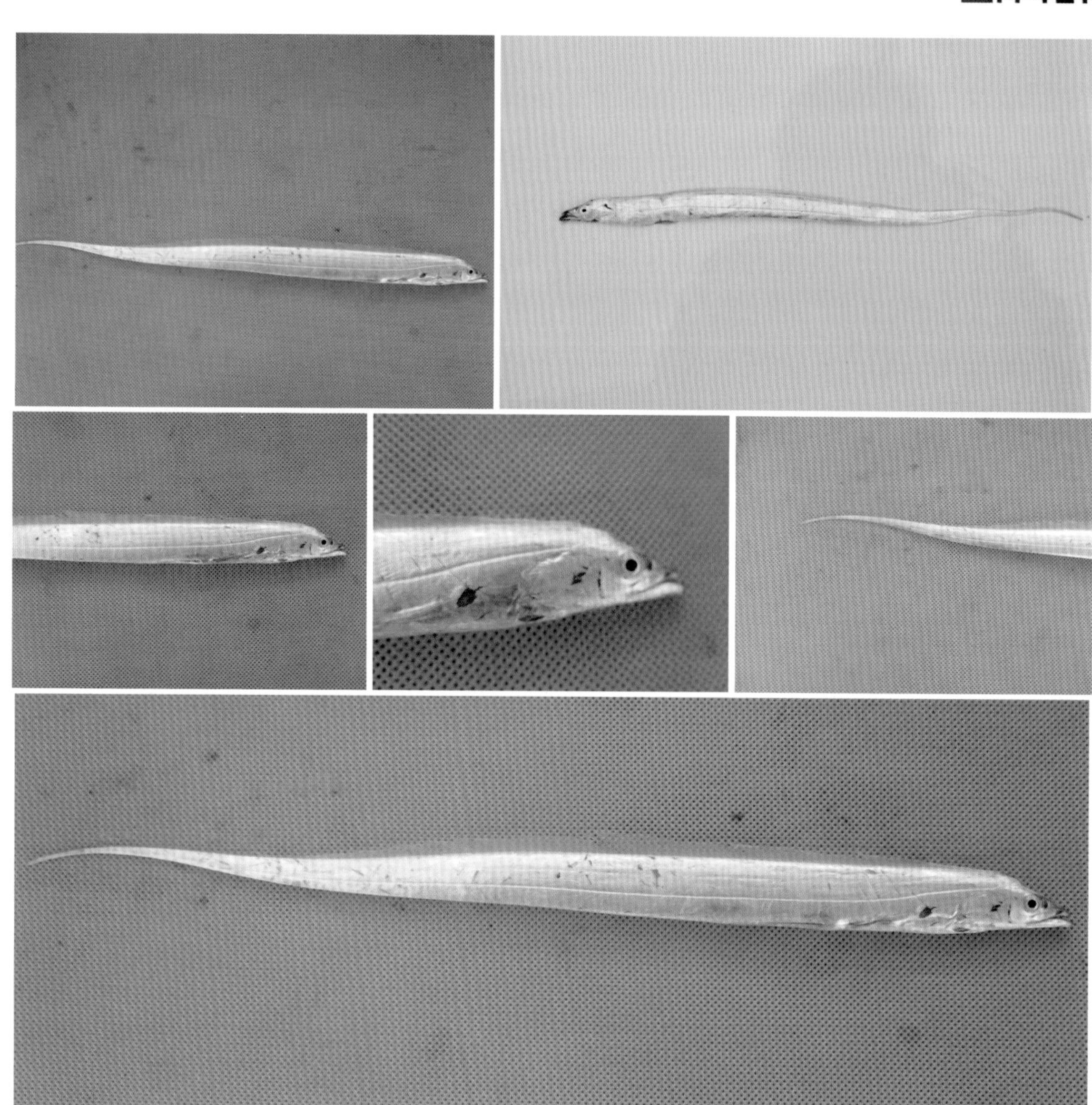

中文种名：小带鱼

拉丁学名：*Eupleurogrammus muticus*

分类地位：脊索动物门 / 辐鳍鱼纲 / 鲈形目 / 带鱼科 / 小带鱼属

识别特征：体甚侧扁，延长呈带状，背、腹缘平直，后部渐细，尾部鞭状。体表光滑无鳞。有侧线，在胸鳍基上近平直延伸至尾端。体银白色，尾黑色，鳍均灰绿色。头狭长，侧扁，背面突起，两侧平坦。吻尖突。口大，前位，前部较平直，后部斜裂。下颌长于上颌。眼中大，侧上位。背鳍 1 个，基底与背缘近等长，鳍条长。胸鳍小，侧下位，鳍条上翘，下部渐短。腹鳍退化，仅存 1 对小片状突起。臀鳍由短分离小棘组成，棘尖外露皮外。尾鳍消失。

主要分布：渤海、黄海、东海、南海及朝鲜半岛、日本、印度尼西亚、泰国、越南、孟加拉湾、阿拉伯湾等印度—西太平洋海域。

照片来源：拍摄样本采集于山东近岸渤海海洋保护区。

带鱼 *Trichiurus japonicus*

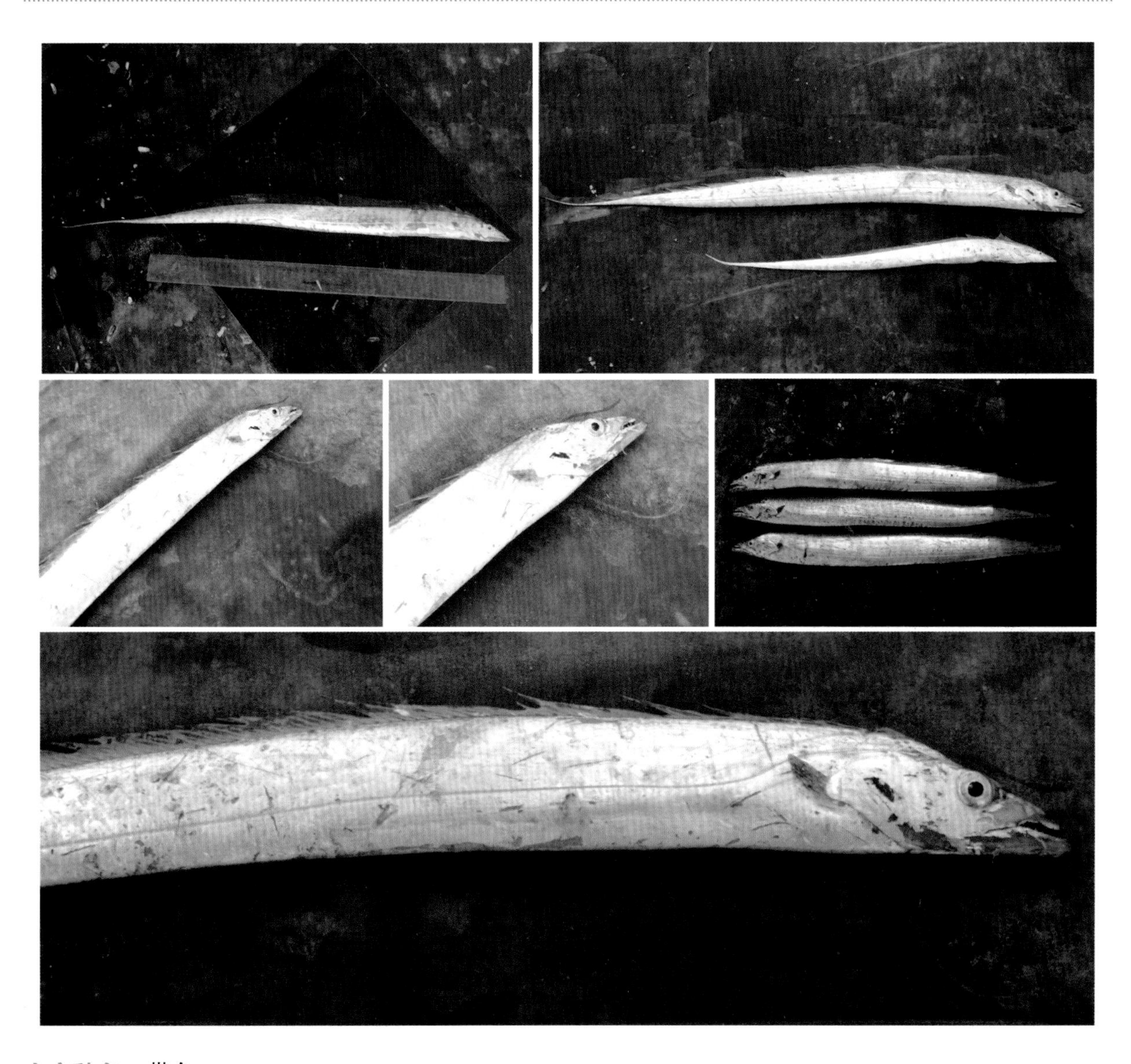

中文种名： 带鱼

拉丁学名： *Trichiurus japonicus*

分类地位： 脊索动物门 / 辐鳍鱼纲 / 鲈形目 / 带鱼科 / 带鱼属

识别特征： 体侧扁，延长呈带状，背、腹缘平直，尾部细鞭状。体表光滑无鳞。侧线在胸鳍上方向后部显著下弯，沿腹线直达尾端。体银灰色，背鳍及胸鳍浅灰色，间杂细小斑点，尾部黑色。头窄长，侧扁，背面突起，两侧平坦。吻尖突。口大，前位，前部较平直，后部斜裂。下颌长于上颌。眼中大，侧上位。背鳍 1 个，基底与背缘近等长，鳍条较长。胸鳍小，侧下位，鳍条上翘，下部渐短。腹鳍退化，仅存 1 对小片状突起。臀鳍由短的分离小棘组成，棘尖外露于皮外。尾鳍消失。

主要分布： 渤海、黄海、东海、南海及朝鲜半岛、日本、印度、印度尼西亚、菲律宾、非洲东岸、红海等印度—西太平洋海域。

照片来源： 拍摄样本采集于山东近岸渤海海洋保护区。

鲭科 Scombridae

体纺锤形，侧扁，尾柄细短，横切面近圆形，两侧具 2 ～ 3 个隆起嵴。体被小圆鳞，或部分被鳞，胸部鳞片特大形成胸甲。侧线完全。头大，锥形突出。口大或中等大。上颌骨为眶前骨所遮盖或不遮盖。颌齿强或弱。犁骨和腭骨具齿或无齿。鳃盖膜分离，不与峡部相连。皮肤血管系统有或无。椎骨 31 ～ 66 枚。背鳍 2 个，相距远或近，第 1 背鳍基底长或短，由鳍棘组成。第 2 背鳍较小，与臀鳍同形、相对。背鳍和臀鳍后方各具至少 5 个小鳍。胸鳍高位，较短。腹鳍胸位，具 1 根鳍棘、5 根鳍条，间突有或无。尾鳍深叉形或新月形。

我国发现 11 属 22 种，山东渤海海洋保护区海域发现 2 属 2 种。

鲐 *Scomber japonicus*

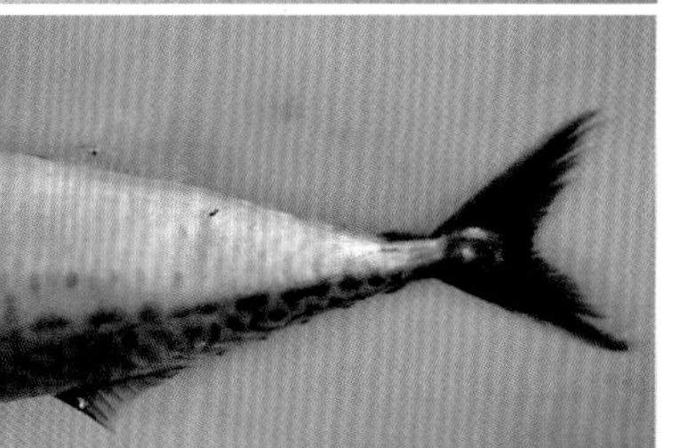

中文种名： 鲐

拉丁学名： *Scomber japonicus*

分类地位： 脊索动物门 / 辐鳍鱼纲 / 鲈形目 / 鲭科 / 鲭属

识别特征： 体长，侧扁，纺锤状，背、腹面皆钝圆，尾柄细，每侧有 2 条小隆起嵴。体被细小圆鳞，胸鳍基部鳞片较体侧大。侧线完全，不规则波浪状。体背部青蓝色，体侧上方有深蓝色不规则波状斑纹，头顶黑色，两侧黄褐色，腹部淡黄色。头大。吻稍长。口大，稍倾斜。眼大，脂眼睑发达，眼间距宽。背鳍 2 个，相距较远，第 2 背鳍及臀鳍后方各有 5 ～ 6 个游离小鳍。腹鳍间突小。尾鳍深叉形。背鳍、胸鳍和尾鳍灰褐色。

主要分布： 渤海、黄海、东海、南海及俄罗斯、朝鲜半岛、日本、菲律宾等西太平洋海域。

照片来源： 拍摄样本采集于山东近岸渤海海洋保护区。

蓝点马鲛 *Scomberomorus niphonius*

中文种名： 蓝点马鲛

拉丁学名： *Scomberomorus niphonius*

分类地位： 脊索动物门 / 辐鳍鱼纲 / 鲈形目 / 鲭科 / 马鲛属

识别特征： 体长，侧扁，纺锤状，尾柄细，每侧有 3 个隆起嵴，中央脊长而且最高。体被细小圆鳞。侧线波浪状弯曲。体色银亮，背具暗色条纹或黑蓝斑点，体侧中央有黑色圆形斑点。头长大于体高。口大，稍倾斜。背鳍 2 个，紧连，第 1 背鳍长，第 2 背鳍短，背鳍和臀鳍后部各有 8 ～ 9 个小鳍。胸鳍、腹鳍短小无硬棘。尾鳍大，深叉形。

主要分布： 渤海、黄海、东海、南海及朝鲜半岛、日本、印度尼西亚、澳大利亚、印度等印度—西太平洋海域。

照片来源： 拍摄样本采集于山东近岸渤海海洋保护区。

鲳科 Stromateidae

体卵圆形，高而侧扁。体被细小圆鳞，易脱落。侧线完全，上侧位。头小。吻圆钝。口小，前位或亚前位。上颌不能伸缩。颌齿细小，3 峰状，1 行。犁骨、腭骨、基鳃骨及舌无齿。食道侧囊 1 个，长椭圆形，内壁具大小不等的乳头状突起，每一乳突有许多针状小刺。鳃孔呈一裂缝，前鳃盖骨边缘光滑，具扁棘，鳃盖条 5 ~ 6 根，鳃盖膜与峡部相连或不相连。项部附近侧线管具一背分支和一腹分支，腹分支具前小支和后小支。椎骨 30 ~ 48 枚。背鳍 1 个，鳍棘不发达，成鱼鳍棘埋于皮下，第 2 背鳍与臀鳍同形、相对，基底长。成鱼无腹鳍。尾鳍截形或叉形。

我国发现 1 属 3 种，山东渤海海洋保护区海域发现 1 属 1 种。

北鲳 *Pampus punctatissimus*

中文种名： 北鲳

拉丁学名： *Pampus punctatissimus*

分类地位： 脊索动物门 / 辐鳍鱼纲 / 鲈形目 / 鲳科 / 鲳属

识别特征： 体卵圆形，高侧扁。体被小圆鳞，易脱落。侧线完全，与背缘平行。体银白色，背部较暗微呈青灰色，胸、腹部银白色，通身具银色光泽并密布黑色细斑。头较小。吻圆钝，突出。口小，稍倾斜。下颌较上颌短。背鳍 1 个，基底长，鳍棘不发达。背鳍与臀鳍镰刀状。无腹鳍。尾鳍深叉形。

主要分布： 渤海、黄海、东海、南海及朝鲜半岛、日本等西北太平洋海域。

照片来源： 拍摄样本采集于山东近岸渤海海洋保护区。

虾虎鱼科 Gobiidae

体延长，前部近圆柱形，后部侧扁，左右腹鳍愈合成吸盘。体被栉鳞或圆鳞，有时退化或陷于皮下。无侧线。口大或中等大。两颌等长，有时上颌或下颌突出。颌齿细小，1行或多行。腭骨无齿。鳃盖条4～5根。背鳍2个（或无第1背鳍），分离或基底间有低鳍膜相连，第1背鳍具2～17根弱鳍棘，第2背鳍具5～37根鳍条，第1鳍条多数为不分支鳍条。胸鳍大，圆形，基部肌肉不发达，不呈臂状。尾鳍圆形或尖形。大多种类有两性异形现象，雄鱼大于雌鱼，生殖季节雄鱼呈现婚姻色。

我国发现41属119种，山东渤海海洋保护区海域发现9属11种。

髭缟虾虎鱼 *Tridentiger barbatus*

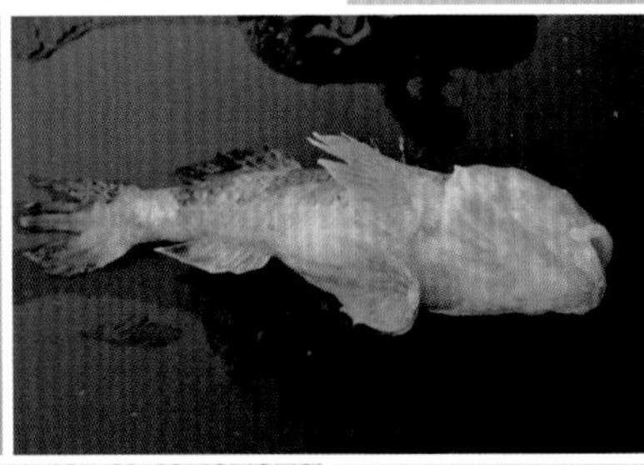

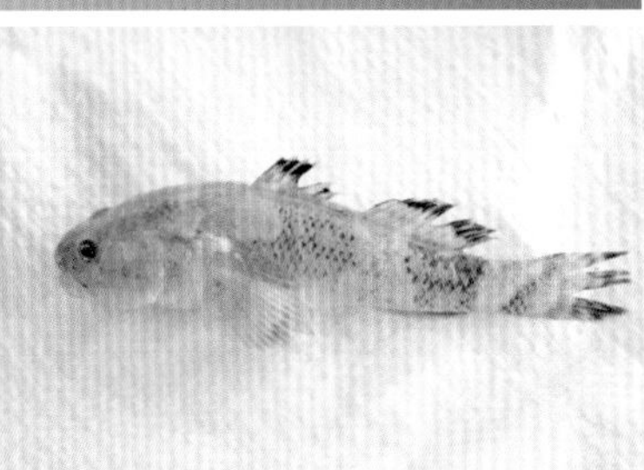

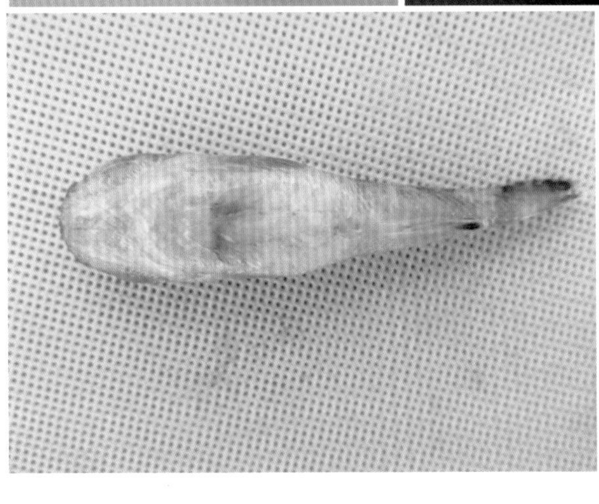

中文种名： 髭缟虾虎鱼

拉丁学名： *Tridentiger barbatus*

分类地位： 脊索动物门 / 辐鳍鱼纲 / 鲈形目 / 虾虎鱼科 / 缟虾虎鱼属

识别特征： 体延长，粗壮。体被中等大栉鳞，颊部和鳃盖均裸露无鳞。无侧线。体黄褐色，腹部浅色，体侧常具 5 条宽阔黑横带。头宽大，平扁，具多行小须。口宽大，前位。上、下颌等长。背鳍 2 个，分离，第 1 背鳍具 6 个鳍棘，一般具 2 条黑色斜纹，第 2 背鳍具 2 ~ 3 条暗色纵纹。胸鳍圆形。左右腹鳍愈合成吸盘，具 5 ~ 6 条暗色横纹。臀鳍灰色。尾鳍圆形，灰黑色，具 5 ~ 6 条暗色横纹。

主要分布： 渤海、黄海、东海、南海及朝鲜半岛、日本、菲律宾等西太平洋海域。

照片来源： 拍摄样本采集于山东近岸渤海海洋保护区。

纹缟虾虎鱼 *Tridentiger trigonocephalus*

中文种名： 纹缟虾虎鱼

拉丁学名： *Tridentiger trigonocephalus*

分类地位： 脊索动物门 / 辐鳍鱼纲 / 鲈形目 / 虾虎鱼科 / 缟虾虎鱼属

识别特征： 体前部圆筒状，后部侧扁。体被中大栉鳞，颊部及鳃盖骨无鳞。无侧线。体灰褐色，体侧自眼后至尾鳍常有 1 ～ 2 条黑褐色纵带及数条不规则横带，背鳍、尾鳍灰黑色，具白色斑点。头宽大，略平扁，无须，头侧散布白色斑点。颊部肌肉发达，隆突。吻短钝。眼中等大。口大，前位。背鳍 2 个，相距较近，第 1 背鳍具 6 根鳍棘。左右腹鳍愈合成吸盘。臀鳍具 2 条棕色纵带。尾鳍圆形，具 4 ～ 5 条横纹。

主要分布： 黄海、渤海、东海、南海及朝鲜半岛、日本海域。

照片来源： 拍摄样本采集于山东近岸渤海海洋保护区。

长丝虾虎鱼 *Cryptocentrus filifer*

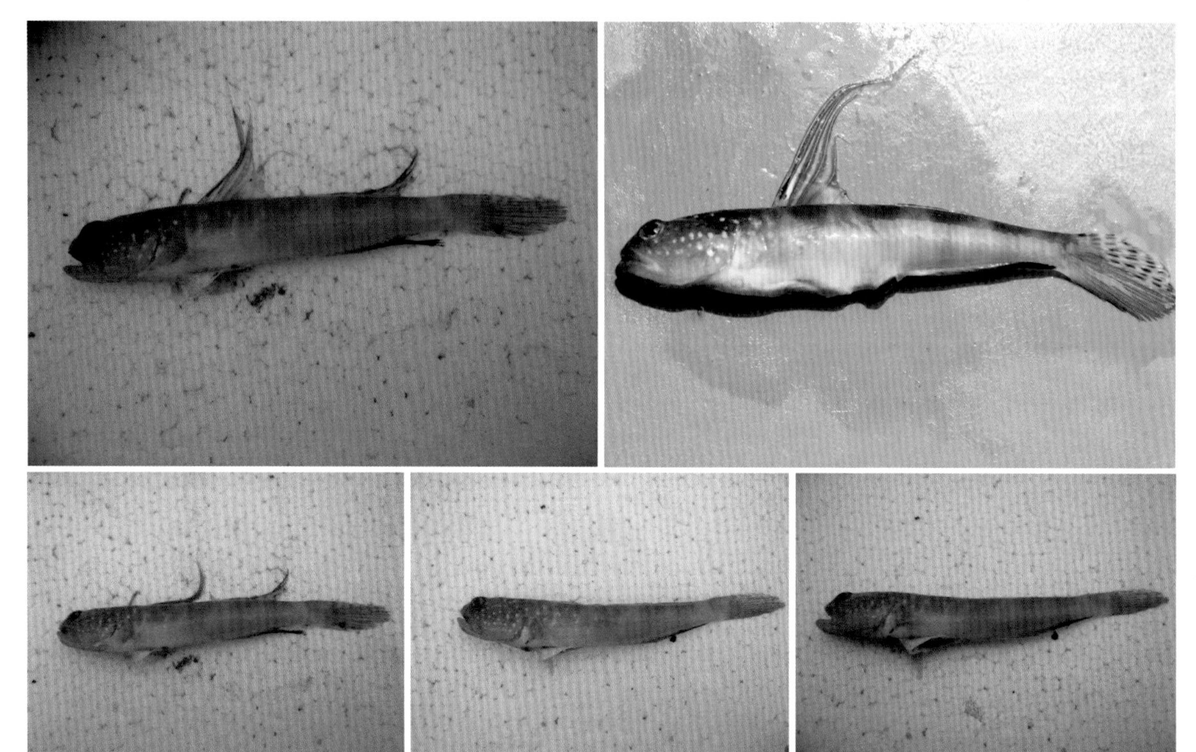

中文种名： 长丝虾虎鱼

拉丁学名： *Cryptocentrus filifer*

分类地位： 脊索动物门 / 辐鳍鱼纲 / 鲈形目 / 虾虎鱼科 / 丝虾虎鱼属

识别特征： 体延长，侧扁。体被小圆鳞，头部与项部无鳞。无侧线。体黄绿间杂红色，颊部及鳃盖具蓝色小点，体侧具 5 条暗褐色横带。头高大，侧扁。吻略短，前端钝圆，背缘高陡。眼大。口大，前位。两颌约等长。背鳍 2 个，第 1 背鳍高，具 6 根鳍棘，除最后鳍棘外，其余各鳍棘均呈丝状延长，尤以第 2 鳍棘最长，第 1 背鳍与第 1、第 2 鳍棘之间近基底处具一黑色长形眼斑，第 2 背鳍具 2 条纵行暗色斑纹。左右腹鳍愈合成吸盘。尾鳍具 6 条暗色横纹。

主要分布： 渤海、黄海、东海、南海及朝鲜半岛、日本、印度等印度—西太平洋海域。

照片来源： 拍摄样本采集于山东近岸渤海海洋保护区。

斑尾刺虾虎鱼 *Acanthogobius ommaturus*

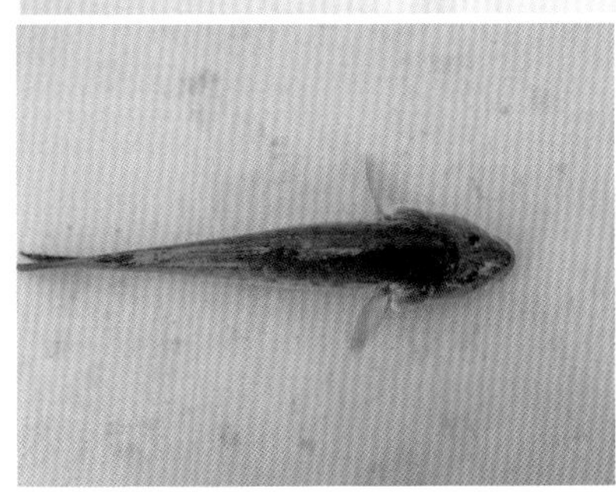

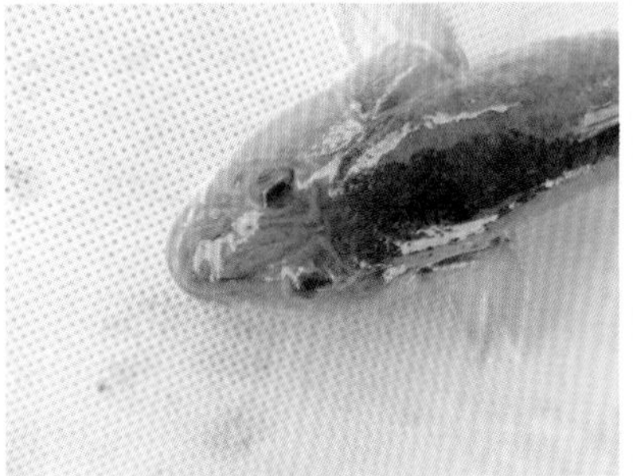

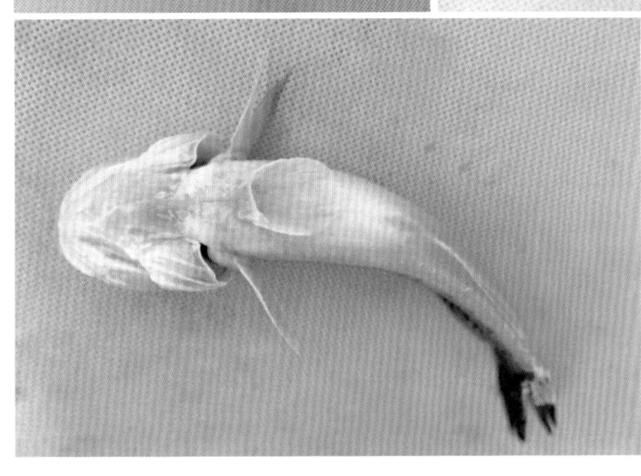

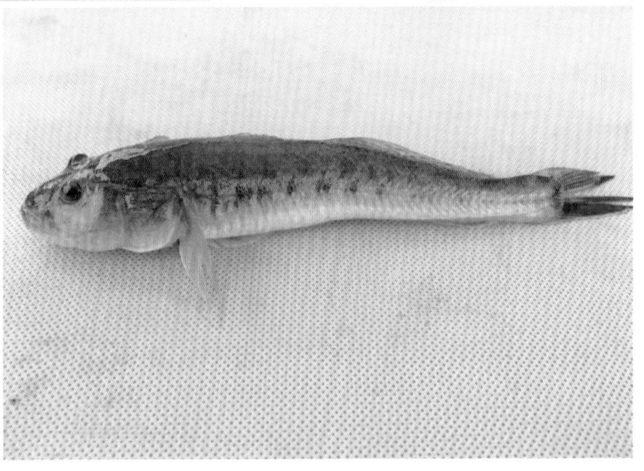

中文种名： 斑尾刺虾虎鱼

拉丁学名： *Acanthogobius ommaturus*

分类地位： 脊索动物门 / 辐鳍鱼纲 / 鲈形目 / 虾虎鱼科 / 刺虾虎鱼属

识别特征： 体甚长，侧扁，前部亚圆筒状，后部侧扁。体被圆鳞及栉鳞，颊部及鳃盖下部被鳞。无侧线。体淡黄褐色，背侧淡褐色，头部有不规则暗色斑纹，颊部下缘色淡，中小个体体侧常具数个黑斑。头粗大，稍平扁。吻较长，圆钝。眼小，上侧位。口较大，前下位。上颌稍长于下颌，下颌部具一长方形皮突，后缘稍凹入，略呈丝状。背鳍灰黄色，2 个，分离，第 1 背鳍具 9 ~ 10 根鳍棘，后端不伸达第 2 背鳍起点，第 2 背鳍有 3 ~ 5 条纵行黑色点纹。左右腹鳍愈合成吸盘，黄色。尾鳍尖圆形，短于头长。

主要分布： 渤海、黄海、东海、南海及朝鲜半岛、日本海域。

照片来源： 拍摄样本采集于山东近岸渤海海洋保护区。

矛尾虾虎鱼 *Chaeturichthys stigmatias*

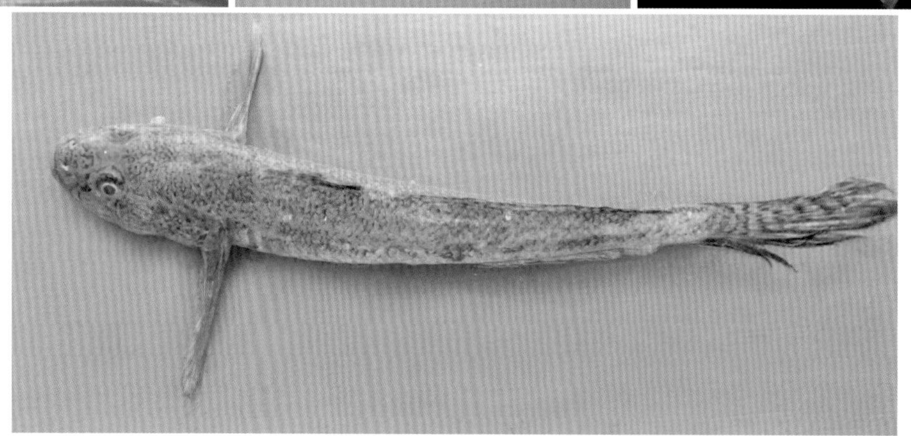

中文种名：矛尾虾虎鱼

拉丁学名：*Chaeturichthys stigmatias*

分类地位：脊索动物门 / 辐鳍鱼纲 / 鲈形目 / 虾虎鱼科 / 矛尾虾虎鱼属

识别特征：体延长，前部亚圆筒状，后部侧扁，渐细。体被圆鳞，后部鳞较大，颊部、鳃盖及项部被细小圆鳞，项部鳞片伸达眼后缘。无侧线。体黄褐色，背部具不规则暗色斑块。头大，长而稍扁。吻中长，圆钝。眼小，上侧位，间隔宽，与眼径等长。口宽大，前位，斜裂。下颌稍突出。下颚表面具 3 对触须。背鳍 2 个，分离，第 1 背鳍具 8 根鳍棘，第 5 至第 8 鳍棘间具有 1 个大黑斑，第 2 背鳍基部长，具褐色斑纹。胸鳍宽圆。左右腹鳍愈合成吸盘。尾鳍尖长，大于头长，具褐色斑纹。

主要分布：渤海、黄海、东海、南海及朝鲜半岛、日本海域。

照片来源：拍摄样本采集于山东近岸渤海海洋保护区。

六丝钝尾虾虎鱼 *Amblychaeturichthys hexanema*

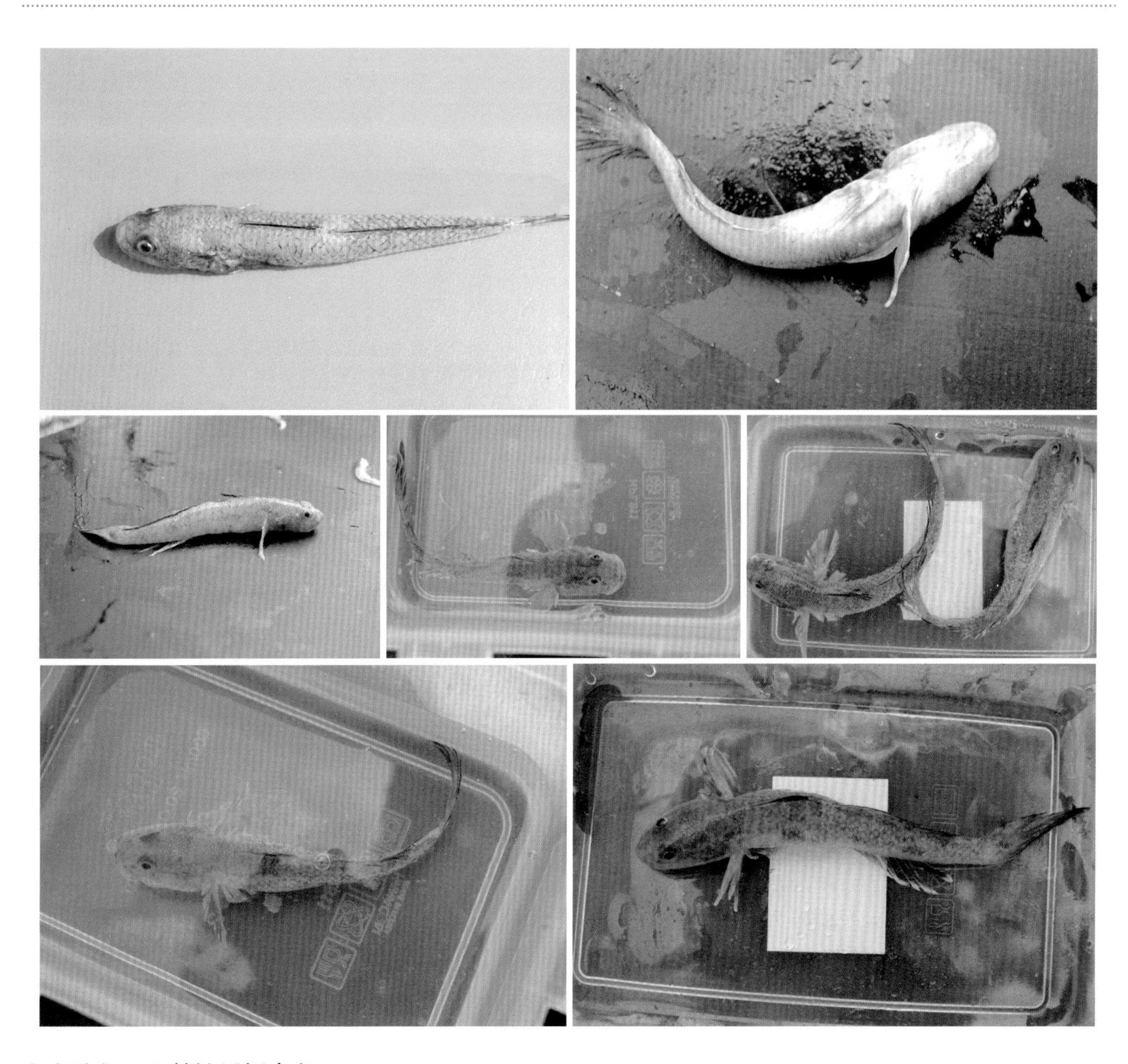

中文种名： 六丝钝尾虾虎鱼

拉丁学名： *Amblychaeturichthys hexanema*

分类地位： 脊索动物门 / 辐鳍鱼纲 / 鲈形目 / 虾虎鱼科 / 钝尾虾虎鱼属

识别特征： 体延长，前部圆筒状，后部稍侧扁。体被栉鳞，头部鳞片较小，颊、鳃盖及项部均被鳞，吻部及下颌无鳞。无侧线。体黄褐色，体侧有 4 ～ 5 个暗色斑块。头部较大，宽而平扁。颊部微突。吻中长，圆钝。眼大，上侧位，间距小，中间凹入。鼻孔每侧 2 个。口大，口裂可达眼中下方。下颌突出。下颚表面具 3 对短小触须。背鳍 2 个，分离，第 1 背鳍前部边缘黑色，具 8 根鳍棘，第 2 背鳍后缘几乎伸达尾鳍基部。胸鳍尖圆形，灰色，稍长于腹鳍。左右腹鳍愈合成吸盘，灰色。臀鳍基底长，灰色。尾鳍尖长，灰色。

主要分布： 渤海、黄海、东海、南海及朝鲜半岛、日本海域。

照片来源： 拍摄样本采集于山东近岸渤海海洋保护区。

拉氏狼牙虾虎鱼 *Odontamblyopus lacepedii*

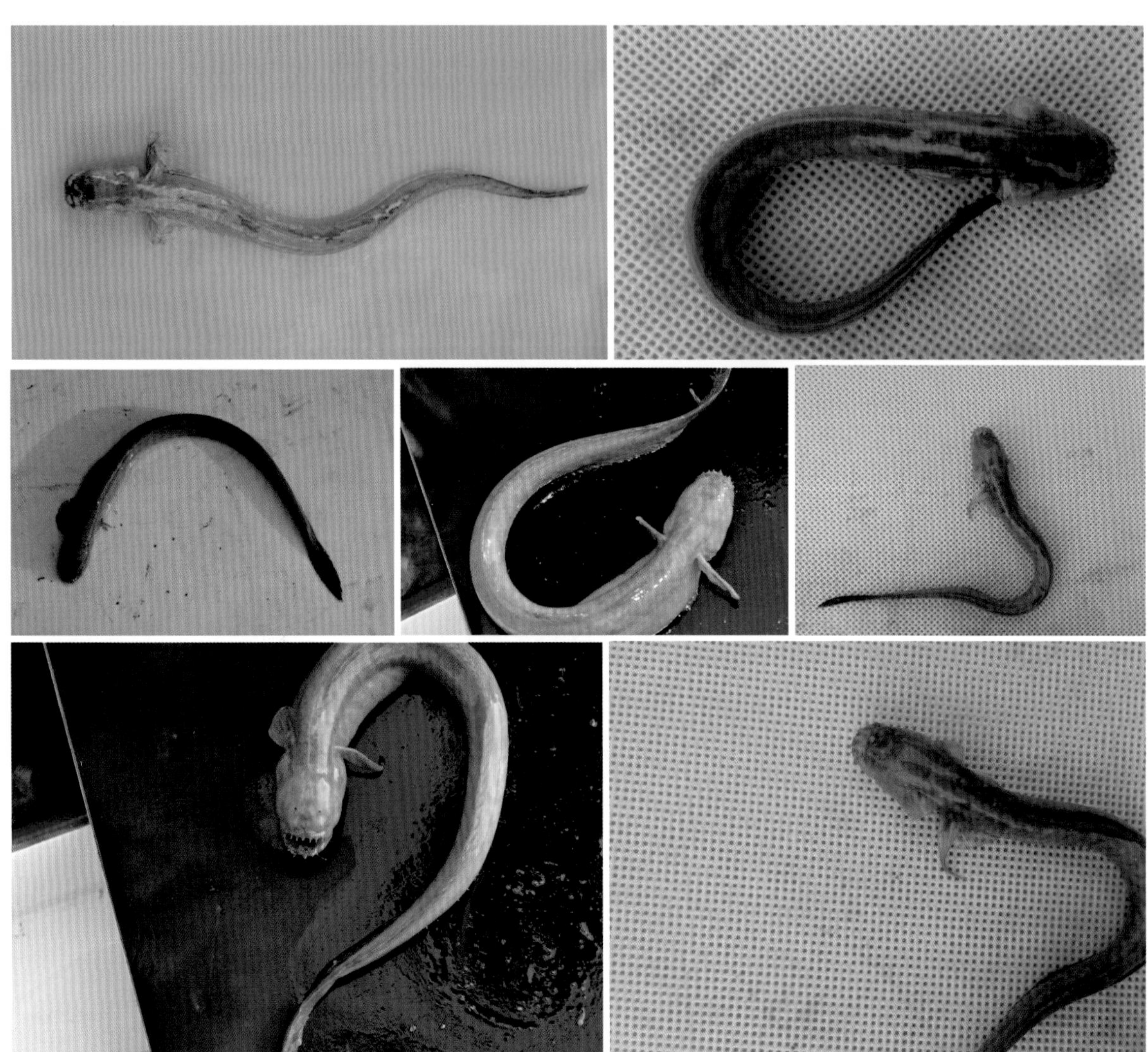

中文种名： 拉氏狼牙虾虎鱼

拉丁学名： *Odontamblyopus lacepedii*

分类地位： 脊索动物门 / 辐鳍鱼纲 / 鲈形目 / 虾虎鱼科 / 狼牙虾虎鱼属

识别特征： 体延长，侧扁，带状。体表裸露无鳞。无侧线。体紫红色。眼极小，退化，埋于皮下。口大，斜形。下颌及颏部向前突出，颌齿 2 ~ 3 行，外行齿为 8 ~ 12 枚尖锐弯形大齿，突出唇外，闭口时露于口外，似狼牙状。背鳍、尾鳍、臀鳍相连。背鳍具 6 根鳍棘。胸鳍宽长，上部鳍条游离呈丝状。

主要分布： 渤海、黄海、东海、南海及日本、菲律宾、印度尼西亚、印度等印度—西太平洋海域。

照片来源： 拍摄样本采集于山东近岸渤海海洋保护区。

中华栉孔虾虎鱼 *Ctenotrypauchen chinensis*

中文种名： 中华栉孔虾虎鱼

拉丁学名： *Ctenotrypauchen chinensis*

分类地位： 脊索动物门 / 辐鳍鱼纲 / 鲈形目 / 虾虎鱼科 / 栉孔虾虎鱼属

识别特征： 体延长，侧扁。体被小圆鳞，头部、项部无鳞，胸部、腹部具分散小鳞。无侧线。体淡紫红色或蓝褐色。头宽短而高，侧扁，头后中央具一纵棱嵴，幼体嵴边缘有细齿。吻短钝。眼极小，为皮肤所覆盖。口小，前位，波曲。下颌弧形突出。鳃盖上方具一凹陷。背鳍、臀鳍基部长，与尾鳍相连。背鳍具 6 根鳍棘。胸鳍小，中部凹入。腹鳍愈合成吸盘，后缘不完整，具深凹缺。尾鳍尖。

主要分布： 渤海、黄海、东海、南海。

照片来源： 拍摄样本采集于山东近岸渤海海洋保护区。

小头栉孔虾虎鱼 *Ctenotrypauchen microcephalus*

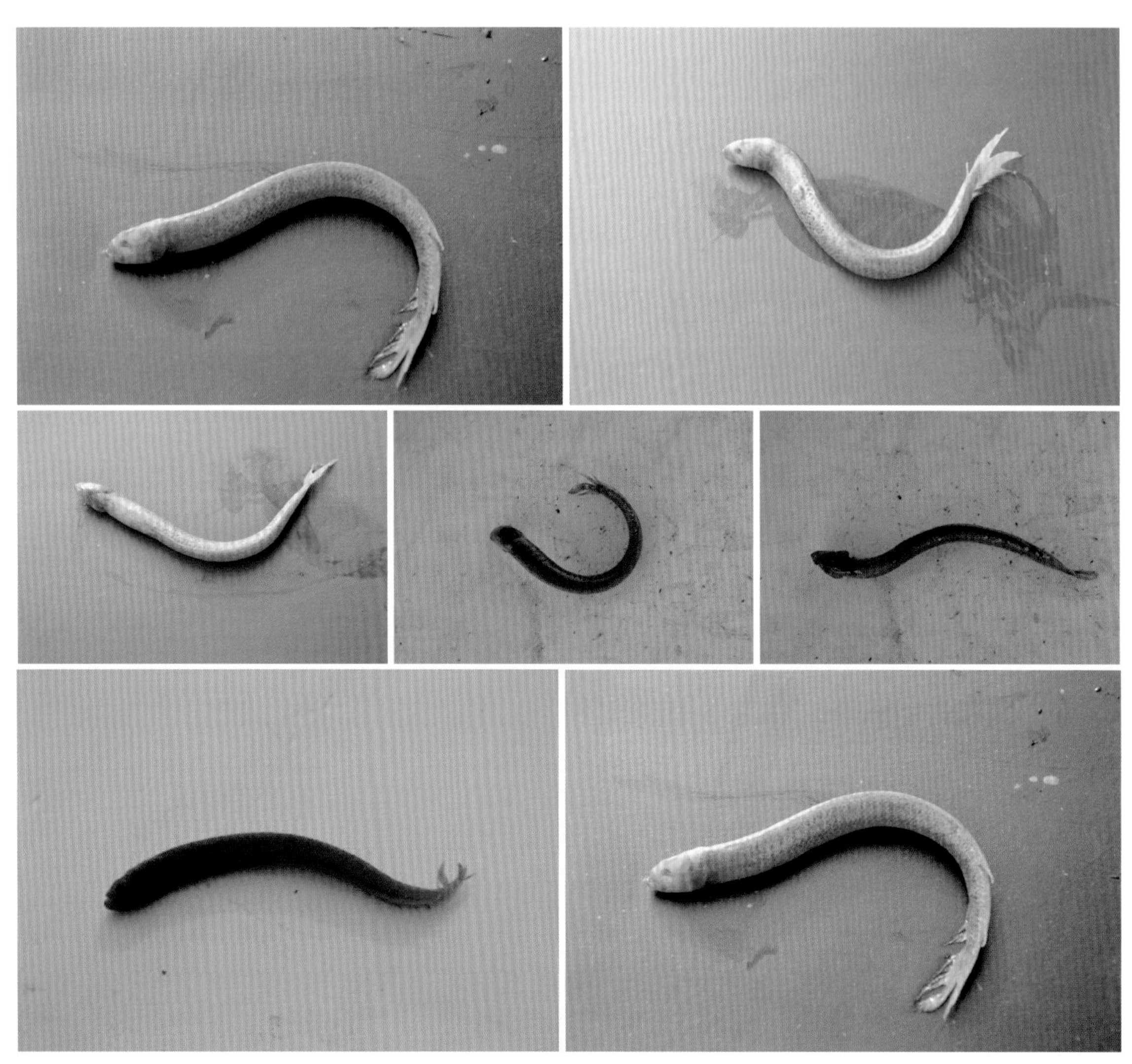

中文种名： 小头栉孔虾虎鱼

拉丁学名： *Ctenotrypauchen microcephalus*

分类地位： 脊索动物门 / 辐鳍鱼纲 / 鲈形目 / 虾虎鱼科 / 栉孔虾虎鱼属

识别特征： 体延长，侧扁。体被小圆鳞，头部、项部、胸部、腹部无鳞。无侧线。体淡紫红色或蓝褐色。头宽短，侧扁，头后中央具一纵棱嵴，幼体嵴边缘有细齿。吻短钝。眼极小，为皮肤所覆盖。口小，前位，波曲。下颌弧形突出。鳃盖上方具一凹陷。背鳍及臀鳍基部长，与尾鳍相连，背鳍具 6 根鳍棘。胸鳍短小，中部凹入。腹鳍小，愈合成吸盘，后缘不完整，具深凹缺。

主要分布： 渤海、黄海、东海、南海及朝鲜半岛、日本、泰国、菲律宾、印度尼西亚、印度等印度—西太平洋海域。

照片来源： 拍摄样本采集于山东近岸渤海海洋保护区。

裸项蜂巢虾虎鱼 *Favonigobius gymnauchen*

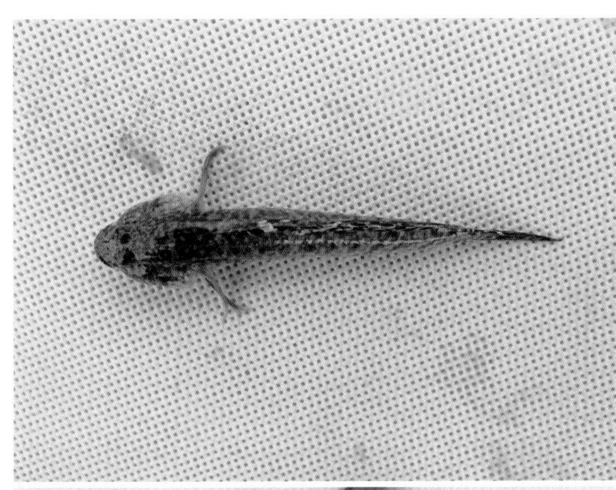
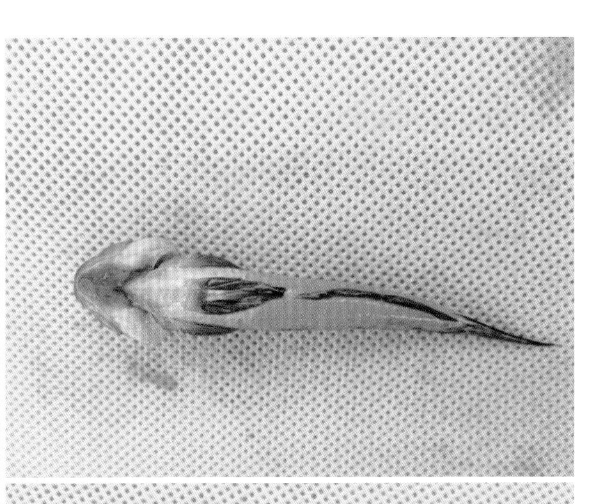
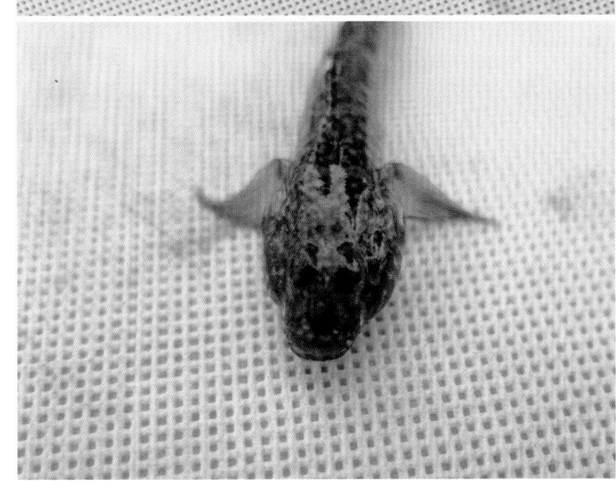

中文种名： 裸项蜂巢虾虎鱼

拉丁学名： *Favonigobius gymnauchen*

分类地位： 脊索动物门 / 辐鳍鱼纲 / 鲈形目 / 虾虎鱼科 / 蜂巢虾虎鱼

识别特征： 体延长，前部圆筒状，后部侧扁。体被中大弱栉鳞，吻、颊及鳃盖部无鳞。无侧线。体棕褐色，腹部色浅，体侧具 4 ～ 5 个暗色斑块，每个斑块由 2 个小圆斑组成。头中等大，较尖。吻短而突出。眼中等大，背侧位。口中等大，前位。下颌突出。背鳍 2 个，分离，第 1 背鳍灰色，边缘黑色，下部暗色斑点 3 行，具 6 个鳍棘，基底短，雄鱼延长呈丝状，第 2 背鳍灰色，边缘深色，下方具暗色斑点多行。胸鳍长圆形，宽大，基部上角有 1 个黑色小斑，无游离鳍条。腹鳍愈合成吸盘，浅灰色。尾鳍钝尖，具多行黑色斑纹，基部具一分支状暗斑。

主要分布： 渤海、黄海、东海、南海及朝鲜半岛、日本海域。

照片来源： 拍摄样本采集于山东近岸渤海海洋保护区。

普氏缰虾虎鱼 *Amoya pflaumii*

中文种名： 普氏缰虾虎鱼

拉丁学名： *Amoya pflaumii*

分类地位： 脊索动物门 / 辐鳍鱼纲 / 鲈形目 / 虾虎鱼科 / 缰虾虎鱼属

识别特征： 体延长，侧扁。体被大栉鳞，项部具鳞，颊及鳃盖部无鳞，鳞片边缘色暗。无侧线。体灰褐色，体侧具 2 ～ 3 条褐色点状纵带，并间杂 4 ～ 5 个黑斑，鳃盖后上角有 1 个黑斑，喉部鳃盖条区有 1 条暗色斑纹。头大，侧扁。吻钝，背部倾斜。眼大，上侧位。口大，前位。下颌突出。背鳍 2 个，分离，第 1 背鳍有 1 条暗色纵纹，具 6 根鳍棘，第 5、第 6 鳍棘间暗色纵纹扩大为 1 个大黑斑。胸鳍尖形，上部无游离鳍条。腹鳍愈合成吸盘。尾鳍具数条不规则横带，基部有 1 个暗色圆斑。

主要分布： 渤海、黄海、东海、南海及朝鲜半岛、日本海域。

照片来源： 拍摄样本采集于山东近岸渤海海洋保护区。

牙鲆科 Paralichthyidae

体长卵圆形，侧扁。侧线1条，有眼一侧侧线发达，无眼一侧一般无侧线。两眼均位于左侧（偶有位于右侧的反常个体），右视神经位于背部。口通常前位。下颌稍突出。无辅上颌骨。腭骨无齿。雄鱼有时眼前具棘。前鳃盖骨后缘游离。背鳍始于头前部，至少在上眼上方，鳍条分节。通常有胸鳍存在。左右侧腹鳍基底短，略对称，或有眼一侧腹鳍基底延长，鳍条不多于6根。椎骨多于30枚。

我国发现14属44种，山东渤海海洋保护区海域发现1属1种。

褐牙鲆 *Paralichthys olivaceus*

中文种名： 褐牙鲆

拉丁学名： *Paralichthys olivaceus*

分类地位： 脊索动物门 / 辐鳍鱼纲 / 鲽形目 / 牙鲆科 / 牙鲆属

识别特征： 体侧扁，长卵圆形。有眼一侧被栉鳞，无眼一侧被圆鳞。左右侧线发达，在胸鳍上方具一弓状弯曲部，无颞上支。有眼侧深褐色并具暗色斑点，无眼侧白色。口大、斜裂。两颌等长。两眼均在左侧，眼球隆起。背鳍 1 个，始于上眼前部，有暗色斑纹。胸鳍稍小，具由暗色点组成的横条纹。腹鳍基部短、左右对称。尾鳍后缘双截形，有暗色斑纹，尾柄短而高。

主要分布： 渤海、黄海、东海、南海及俄罗斯、朝鲜半岛、日本海域。

照片来源： 拍摄样本采集于山东近岸渤海海洋保护区。

菱鲆科 Scophthalmidae

体甚侧扁，卵圆形或近菱形，两眼均位于头部左侧。有眼侧稍圆凸，无眼侧平坦。有眼侧常有色，无眼侧常为白色。侧线1条。口前位，下颌稍突出。无辅上颌骨，通常腭骨无齿。被以皮膜或鳞。鳃4对，假鳃发达。鳃盖条6～8根。鳃盖膜互连。肛门偏于无眼侧。背鳍和臀鳍无鳍棘。背鳍始于头部上方。背鳍与臀鳍基底长，鳍条数目多，与尾鳍相连。腹鳍具6根鳍条，无鳍棘。

我国发现1属1种，山东渤海海洋保护区海域发现1属1种。

大菱鲆 *Psetta maxima*

中文种名： 大菱鲆

拉丁学名： *Psetta maxima*

分类地位： 脊索动物门 / 辐鳍鱼纲 / 鲽形目 / 菱鲆科 / 瘤棘鲆属

识别特征： 体扁平，近圆形。体表裸露无鳞。左右侧线发达，在胸鳍上方具一弓状弯曲部，具颞上支。有眼侧青褐色，无眼侧光滑白色。两眼均在左侧，眼球隆起，有眼侧被骨质突起。口大、斜裂。两颌等长。背鳍 1 个，始于上眼前部。有眼侧胸鳍稍长。腹鳍基部短、左右对称。尾鳍后缘双截形，尾柄短而高。

主要分布： 黄海、渤海。典型外来物种，原分布在北大西洋（大西洋东侧欧洲沿海）。

照片来源： 拍摄样本采集于山东近岸渤海海洋保护区。

鲽科 Pleuronectidae

体长椭圆形。侧线1条。两眼位于右侧（偶有位于左侧的反常个体），左视神经位于背部。口通常前位。下颌稍突出，无辅上颌骨。腭骨无齿。前鳃盖骨边缘游离（木叶鲽属例外）。背鳍始于头前部，至少在上眼的背上方，鳍条分节。具胸鳍。左右腹鳍基底短，略对称，或有眼侧腹鳍基底延长，通常鳍条不多于6根。椎骨30枚以上。肛门位于腹中线或偏于无眼侧。

我国发现3亚科16属26种，山东渤海海洋保护区海域发现5属5种。

高眼鲽 *Cleisthenes herzensteini*

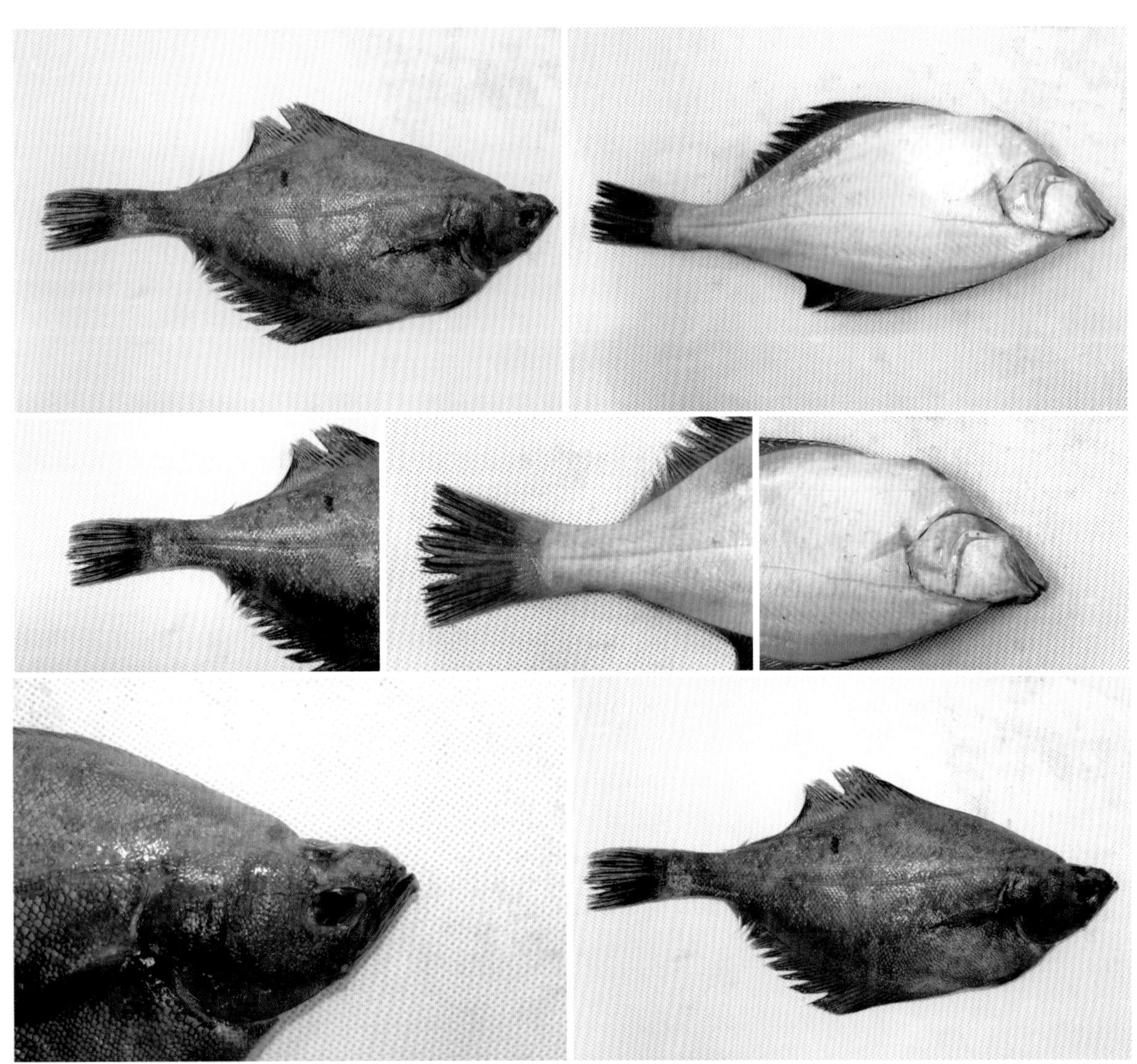

中文种名： 高眼鲽

拉丁学名： *Cleisthenes herzensteini*

分类地位： 脊索动物门 / 辐鳍鱼纲 / 鲽形目 / 鲽科 / 高眼鲽属

识别特征： 体长椭圆形，侧扁，尾柄狭长。有眼侧大多被弱栉鳞或间杂圆鳞，无眼侧被圆鳞。侧线近直线状，无颞上支。有眼侧黄褐色或深褐色、无斑纹，无眼侧白色。口大，前位，两侧口裂稍不等长。两眼位于右侧，上眼位于头背缘中线。背鳍 1 个，始于无眼侧，鳍条不分支。有眼侧胸鳍较长，中间鳍条分支。腹鳍由胸鳍后部至尾部前端。尾鳍双截形。鳍灰黄色。奇鳍外缘色暗。

主要分布： 渤海、黄海、东海及朝鲜半岛、日本、俄罗斯海域。

照片来源： 拍摄样本采集于山东近岸渤海海洋保护区。

虫鲽 *Eopsettagri gorjewi*

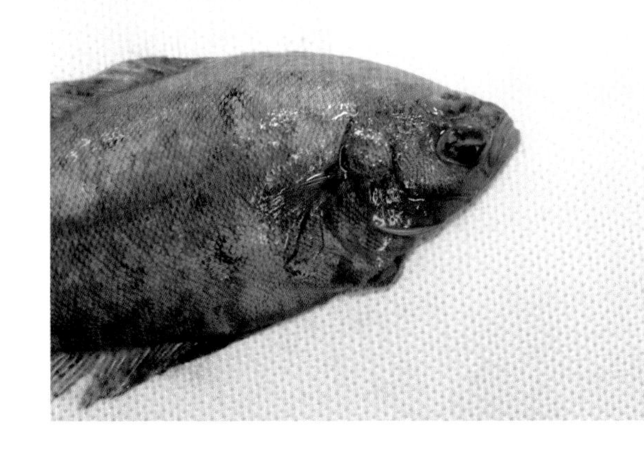

中文种名： 虫鲽

拉丁学名： *Eopsettagri gorjewi*

分类地位： 脊索动物门 / 辐鳍鱼纲 / 鲽形目 / 鲽科 / 虫鲽属

识别特征： 体长卵圆形，侧扁，左右不对称。有眼侧被栉鳞，无眼侧被圆鳞。两侧均有侧线，在胸鳍上方具一弓状弯曲部，无颞上支。有眼侧褐色或淡褐色，具大小不等的暗圆斑，侧线上下各 3 个，中部圆斑大而显著，无眼侧白色或灰白色。头中等大。吻稍钝尖。口大，前位，斜裂，左右对称。眼大，位于右侧，上眼接近头背缘，下眼稍前，眼间隔窄。背鳍 1 个，基底与背缘长度相近，起点稍偏于无眼侧，与上眼瞳孔前缘相对，中部稍后鳍条长。胸鳍稍小，两侧不对称，有眼侧较大。尾鳍双截形。鳍灰黄色，奇鳍具褐斑。

主要分布： 渤海、黄海、东海及朝鲜半岛、日本海域。

照片来源： 拍摄样本采集于山东近岸渤海海洋保护区。

圆斑星鲽 *Verasper variegatus*

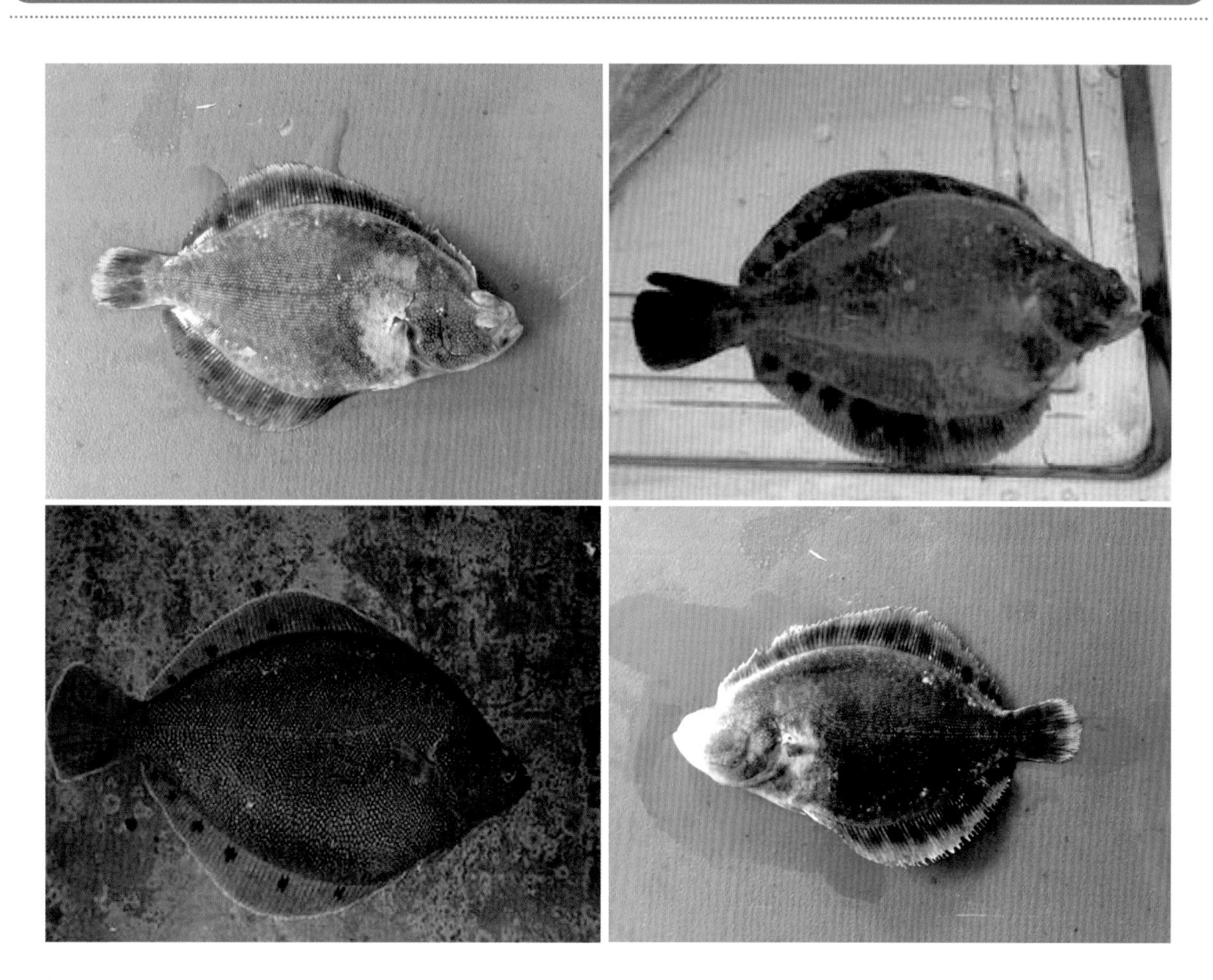

中文种名： 圆斑星鲽

拉丁学名： *Verasper variegatus*

分类地位： 脊索动物门 / 辐鳍鱼纲 / 鲽形目 / 鲽科 / 星鲽属

识别特征： 体卵圆形，扁平，左右不对称。有眼侧被粗栉鳞，无眼侧被圆鳞。两侧均有侧线，在胸鳍上方具一弓状弯曲部，具颞上支。有眼侧暗褐色，无眼侧黄色或白色，具暗褐色小斑。头中等大，长小于高。吻稍钝尖。口斜，左右对称。眼大，位于右侧，上眼接近头背缘，下眼稍前，眼间隔窄。背鳍 1 个，基底与背缘近等长，起点稍偏于无眼侧，位于上眼上方，有 5 ～ 8 个大圆黑斑。右胸鳍刀状，左胸鳍短圆。臀鳍有 5 ～ 8 个大圆黑斑。尾鳍圆截形。

主要分布： 渤海、黄海、东海及朝鲜半岛、日本海域。

照片来源： 拍摄样本采集于山东近岸渤海海洋保护区。

钝吻黄盖鲽 *Pseudopleuronectes yokohamae*

中文种名： 钝吻黄盖鲽

拉丁学名： *Pseudopleuronectes yokohamae*

分类地位： 脊索动物门 / 辐鳍鱼纲 / 鲽形目 / 鲽科 / 黄盖鲽属

识别特征： 体卵圆形，侧扁。有眼侧被栉鳞，无眼侧被圆鳞。两侧均有侧线，在胸鳍上方具一弓状弯曲部，具短的颞上支。有眼侧深褐色，具不规则斑点，无眼侧白色。眼位于右侧。口中等大，两侧口裂不等长。背鳍由眼部至尾柄前端，具数行条纹。胸鳍 1 对，较小。腹鳍由胸鳍后部延至尾柄前端。臀鳍具数行条纹。尾鳍近截形。

主要分布： 渤海、黄海、东海及朝鲜半岛、日本、俄罗斯海域。

照片来源： 拍摄样本采集于山东近岸渤海海洋保护区。

石鲽 *Kareius bicoloratus*

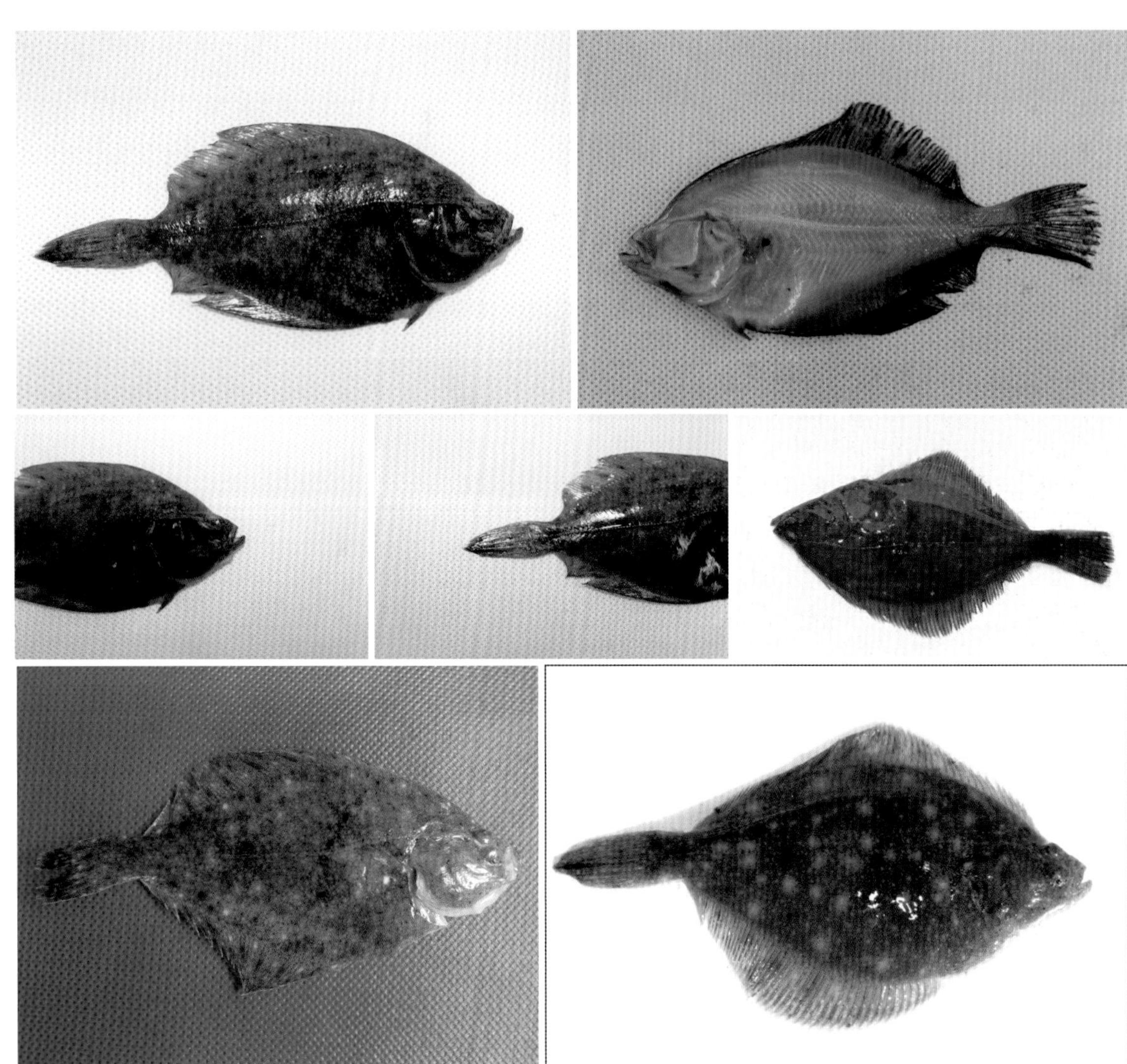

中文种名：石鲽

拉丁学名：*Kareius bicoloratus*

分类地位：脊索动物门 / 辐鳍鱼纲 / 鲽形目 / 鲽科 / 石鲽属

识别特征：体长椭圆形，侧扁。体表裸露无鳞，有眼侧具数行坚硬不规则骨板。侧线较直，具一短的颞上支。有眼侧黄褐色，具不规则斑点，无眼侧白色。眼位于右侧，上眼近头部边缘。头小，略扁。口较小。下颌稍突出。背鳍 1 个，始于上眼中部。胸鳍稍小，两侧不对称。腹鳍由胸鳍后部延至尾柄前端。尾鳍近截形。

主要分布：渤海、黄海、东海及朝鲜半岛、日本、俄罗斯海域。

照片来源：拍摄样本采集于山东近岸渤海海洋保护区。

鳎科 Soleidae

体卵圆形或长椭圆形。体被小栉鳞或圆鳞。侧线近直线状,有颞上支。两眼位于右侧。口小，不对称，前位或近下位。两颌不发达。吻有时弯向后下方，钩状，包覆下颌。颌齿绒毛状，细小或不发达。腭骨无齿。前腮盖骨边缘不游离，被以皮肤和鳞片。背鳍、臀鳍与尾鳍相连或不相连。个别种属无眼侧无腹鳍。

我国发现 9 属 17 种，山东渤海海洋保护区海域发现 1 属 1 种。

带纹条鳎 *Zebrias zebra*

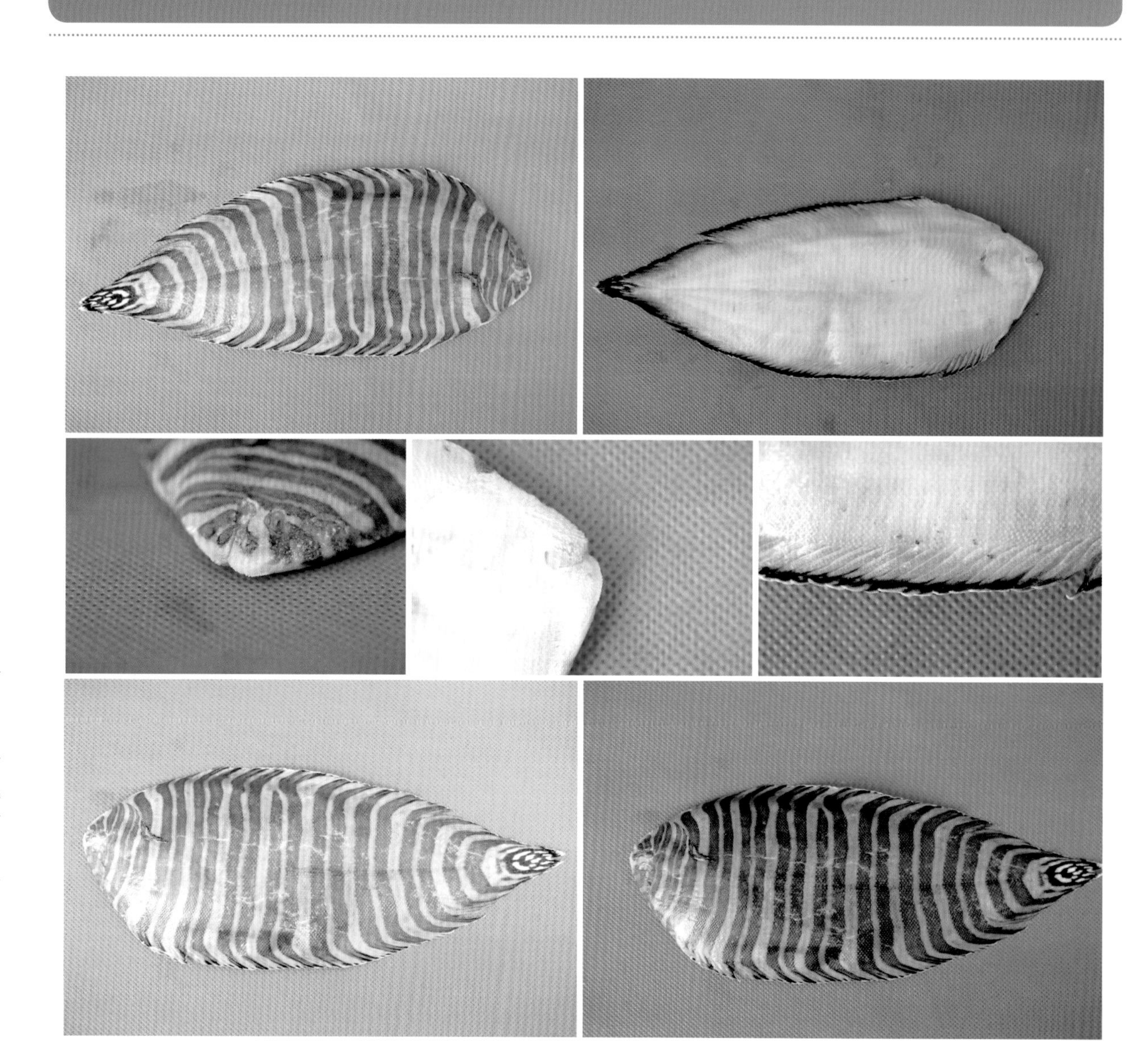

中文种名： 带纹条鳎

拉丁学名： *Zebrias zebra*

分类地位： 脊索动物门 / 辐鳍鱼纲 / 鲽形目 / 鳎科 / 条鳎属

识别特征： 体长椭圆形，侧扁。两侧被小栉鳞。侧线近直线状，具颞上支。有眼侧黄褐色，具深褐色平行横带，无眼侧白色。头小。眼位于右侧。口小，两侧口裂不等长。背鳍、臀鳍与尾鳍相连。有眼侧胸鳍镰刀状，无眼侧胸鳍退化状。

主要分布： 渤海、黄海、东海、南海及朝鲜半岛、日本、印度尼西亚、印度等海域。

照片来源： 拍摄样本采集于山东近岸渤海海洋保护区。

舌鳎科 Cynoglossidae

体长舌状，甚侧扁。鳞细小，大多为栉鳞。两眼位于左侧。通常，有眼侧侧线 2 ～ 3 条，无眼侧侧线 1 ～ 2 条或无侧线。口小，下位。吻突出，向后下方弯呈钩状，包覆下颌。腭骨无齿。前鳃盖骨边缘不游离，被皮肤和鳞片。背鳍、臀鳍与尾鳍相连。背鳍始于吻前方。无胸鳍。通常，有眼侧腹鳍与臀鳍相连，无眼侧无腹鳍。

我国发现 3 属 30 种，山东渤海海洋保护区海域发现 1 属 2 种。

短吻红舌鳎 *Cynoglossus joyeri*

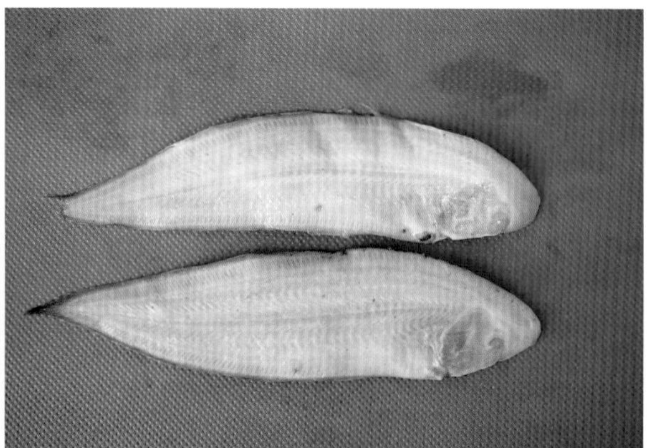

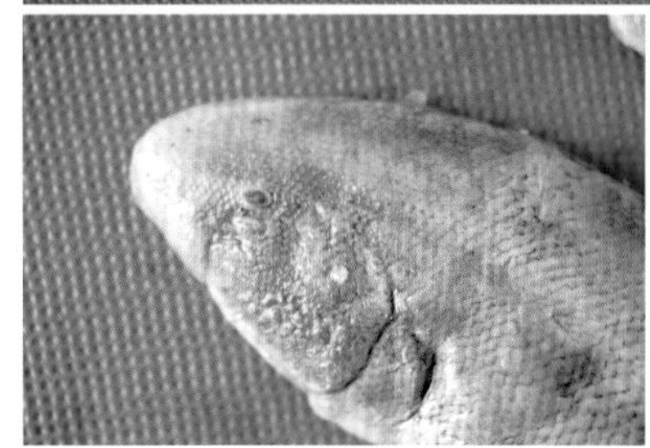

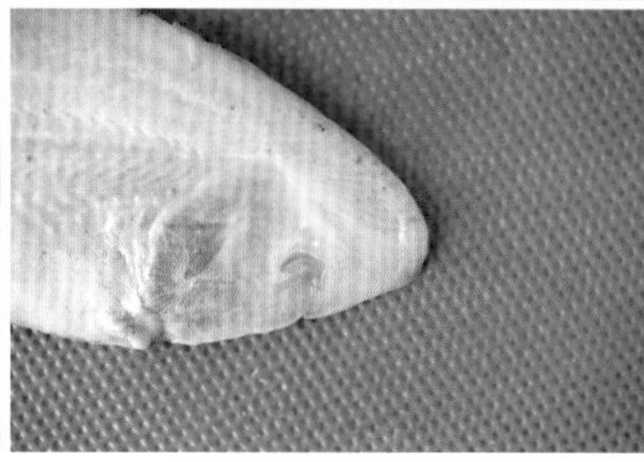

中文种名： 短吻红舌鳎

拉丁学名： *Cynoglossus joyeri*

分类地位： 脊索动物门 / 辐鳍鱼纲 / 鲽形目 / 舌鳎科 / 舌鳎属

识别特征： 体长舌状，甚侧扁。两侧被栉鳞。有眼侧侧线3条，无眼前支，无眼侧无侧线。体左侧淡红褐色，纵鳞中央具暗纹，鳍黄色，向后渐褐色，体右侧白色。头短。吻短于眼后头长，吻钩达眼前缘。眼位于左侧，眼间隔凹窄。口歪，达眼后缘。背鳍始于吻端背缘。偶鳍只有左腹鳍且有膜与臀鳍相连，奇鳍全相连。尾鳍窄长。

主要分布： 渤海、黄海、东海、南海及朝鲜半岛、日本海域。

照片来源： 拍摄样本采集于山东近岸渤海海洋保护区。

半滑舌鳎 *Cynoglossus semilaevis*

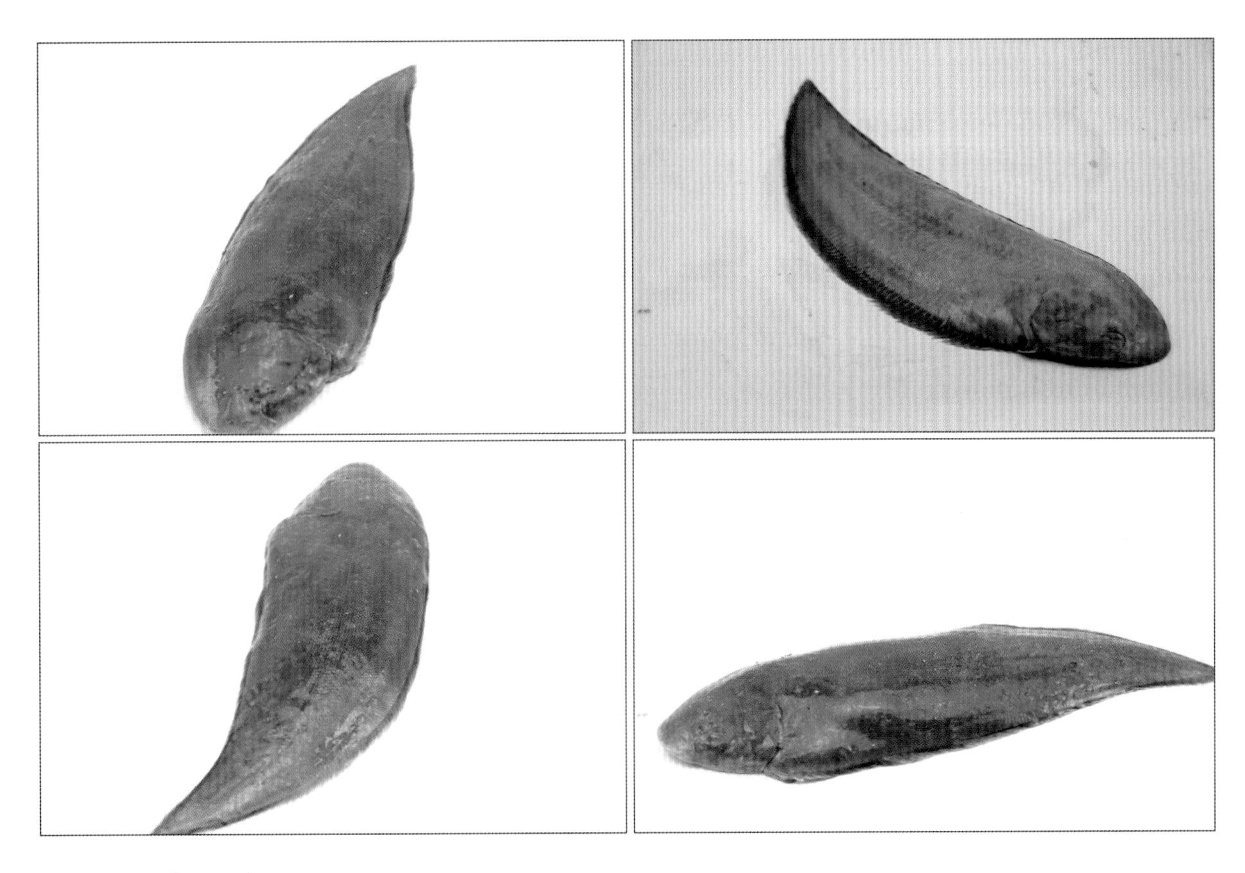

中文种名： 半滑舌鳎

拉丁学名： *Cynoglossus semilaevis*

分类地位： 脊索动物门 / 辐鳍鱼纲 / 鲽形目 / 舌鳎科 / 舌鳎属

识别特征： 体背、腹扁平，长舌状。有眼侧被栉鳞，无眼侧被圆鳞或间杂栉鳞。有眼侧侧线 3 条，无眼前支，无眼侧无侧线。有眼侧黄褐色，边缘淡红褐色，无眼侧白色。头短。吻钩状，眼位于左侧。口歪，下位。背鳍、臀鳍与尾鳍相连，鳍条不分支。无胸鳍。有眼侧具腹鳍，以膜与臀鳍相连。尾鳍末端尖。

主要分布： 渤海、黄海、东海、南海及朝鲜半岛、日本海域。

照片来源： 拍摄样本采集于山东近岸渤海海洋保护区。

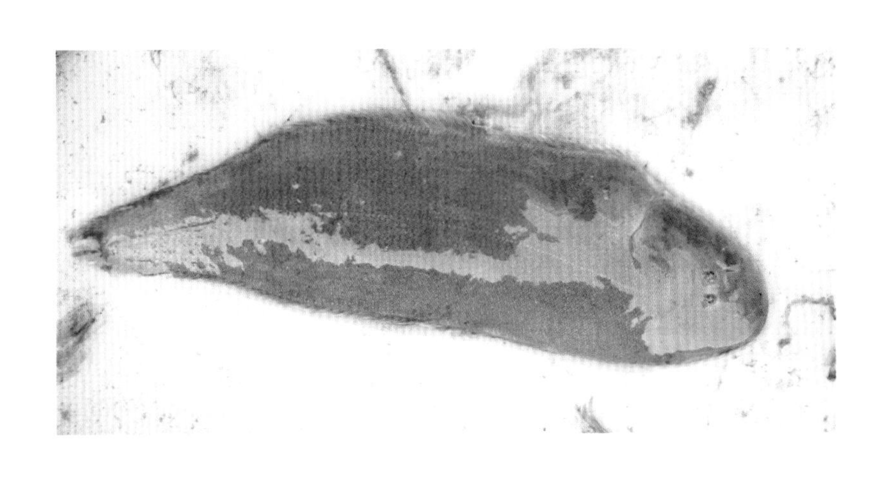

单角鲀科 Monacanthidae

体侧扁，尾柄宽短。鳞小，棘状或绒毛状，粗糙。眼中等大，上侧位。前颌骨与上颌骨愈合，不能伸缩。上颌齿2行，外行齿每侧3个，内行齿每侧2个，下颌齿1行，每侧3个。脊椎骨19～31枚。无气囊。背鳍2个，第1背鳍有1～2根棘，第2鳍棘很小或缺，第1鳍棘常粗大，第2背鳍、臀鳍及胸鳍鳍条均不分支，第2背鳍基底长，具30～50根鳍条。两腹鳍合成一鳍棘连于延长的腰带骨后端，有时消失。

我国发现16属27种，山东渤海海洋保护区海域发现1属1种。

绿鳍马面鲀 *Thamnaconus modestus*

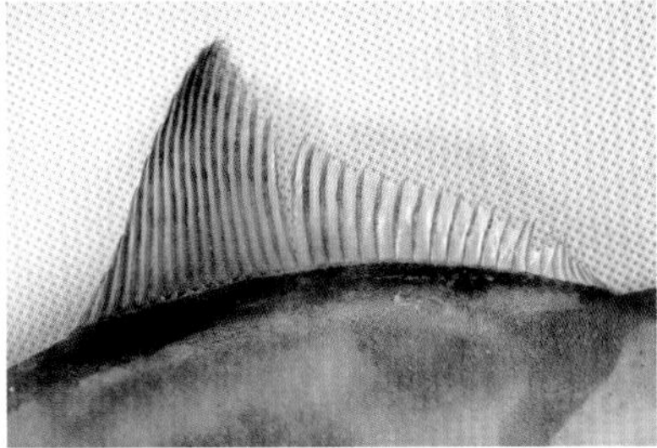

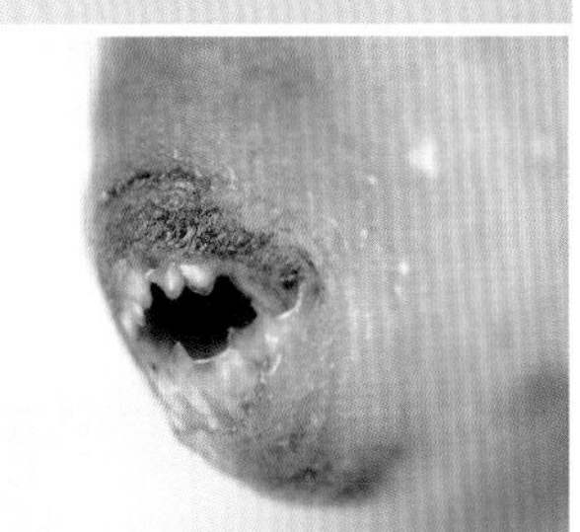

中文种名： 绿鳍马面鲀

拉丁学名： *Thamnaconus modestus*

分类地位： 脊索动物门 / 辐鳍鱼纲 / 鲀形目 / 单角鲀科 / 马面鲀属

识别特征： 体侧扁，长椭圆形，似马面，尾柄长。体被小鳞，绒毛状。侧线消失。体蓝灰色。头短。口小，前位。牙门齿状。眼小、高位、近背缘。下颌稍突出。背鳍 2 个，第 1 背鳍始于眼中央后上方，有 2 个鳍棘，第 1 鳍棘粗大并有 3 行倒刺，第 2 背鳍绿色。胸鳍绿色。腹鳍退化成一短棘附于腰带骨，末端不能活动。臀鳍与第 2 背鳍形状相似，始于肛门后，绿色。尾鳍截形，鳍条墨绿色。

主要分布： 渤海、黄海、东海及朝鲜半岛、日本海域。

照片来源： 拍摄样本采集于山东近岸渤海海洋保护区。

鲀科 Tetraodontidae

体粗短，亚圆柱形，侧扁。尾柄短或细长，尾下部两侧常具一明显皮褶。无鳞，或具由鳞变成的小刺。头吻宽钝，或稍侧偏。牙齿与上下颌骨愈合成4个齿板，具中间缝。鼻孔有或无。腮孔小，侧位，位于胸鳍前方。鳔卵圆形、肾形或后部分化成两叶状。气囊发达。背鳍1个，无鳍棘。臀鳍与背鳍同形。胸鳍侧位。无腹鳍。尾鳍圆形、截形或新月形。

我国发现15属56种，山东渤海海洋保护区海域共发现1属4种。

星点东方鲀 *Takifugu niphobles*

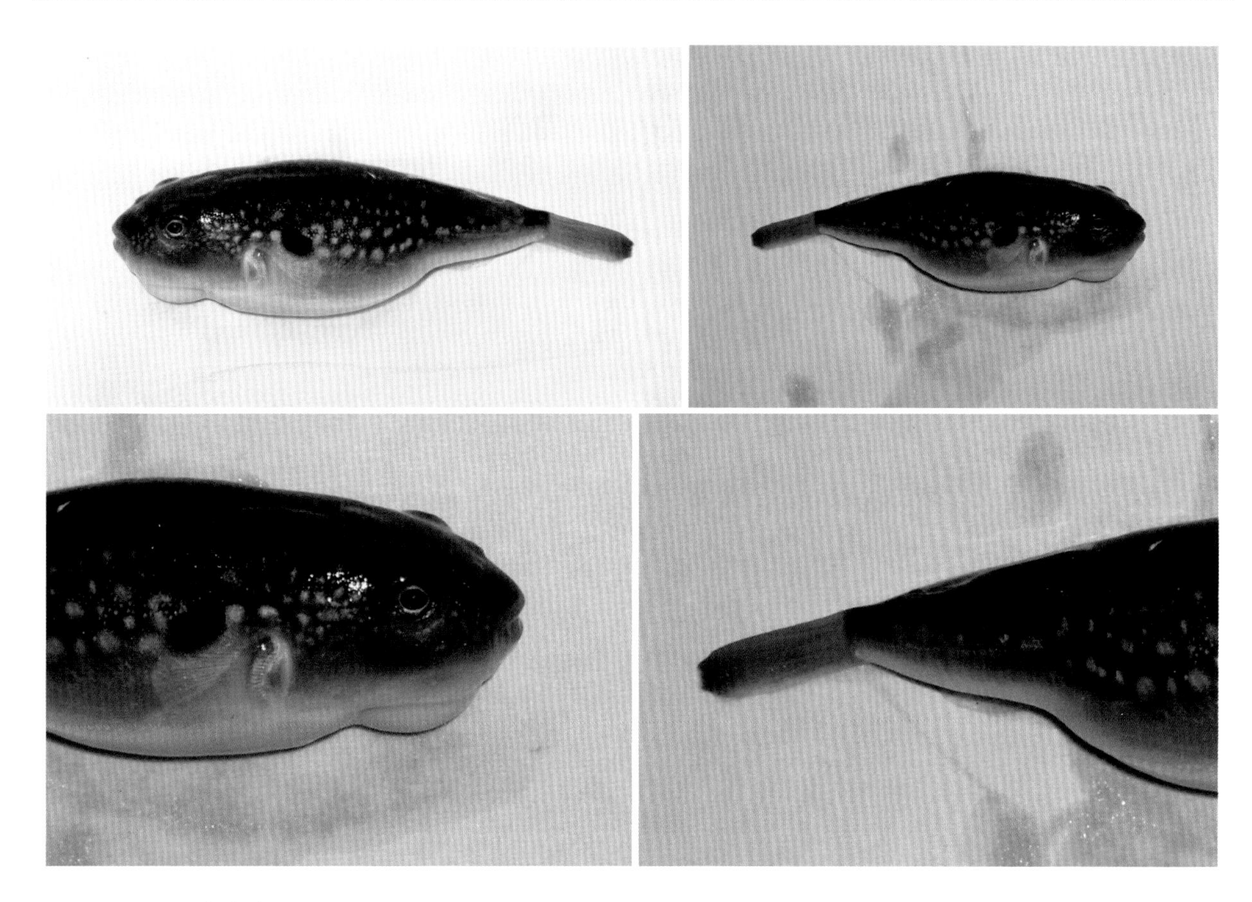

中文种名： 星点东方鲀

拉丁学名： *Takifugu niphobles*

分类地位： 脊索动物门 / 辐鳍鱼纲 / 鲀形目 / 鲀科 / 东方鲀属

识别特征： 体延长，近圆柱形，前部粗大，后部渐细而稍侧扁，体侧下部有一纵行皮褶，背面由鼻孔后部至背鳍前、腹面由鼻孔下部至肛门前方均有小刺。无鳞。背部有大小不等的淡绿色圆斑，斑边缘黄褐色，形成网纹，体上部有数条深褐色横带。头宽而圆。吻圆钝。口小，前位，平裂。唇发达，下唇较长，两端上弯。两颌前端各有 2 枚喙状板齿。眼小，侧上位。背鳍 1 个，始于肛门后背，基底短，中部鳍条长，鳍基底部有不明显黑斑。胸鳍短宽，侧下位，近方形，上部鳍条稍长，后上方有不明显黑斑。无腹鳍。臀鳍与背鳍同形同大，基底近相对。尾鳍截形。

主要分布： 渤海、黄海、东海及朝鲜半岛、日本海域。

照片来源： 拍摄样本采集于山东近岸渤海海洋保护区。

假睛东方鲀 *Takifugu pseudommus*

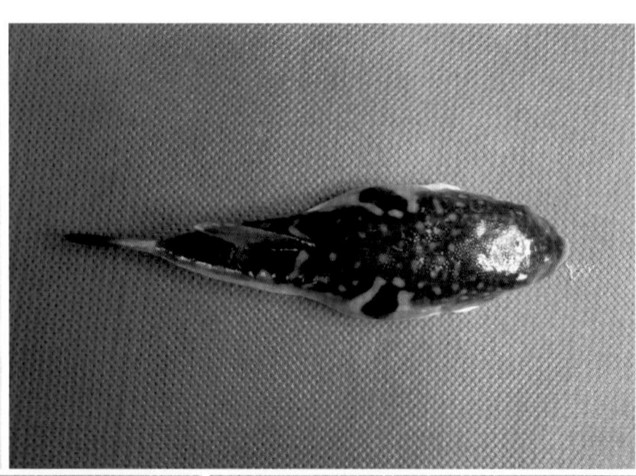

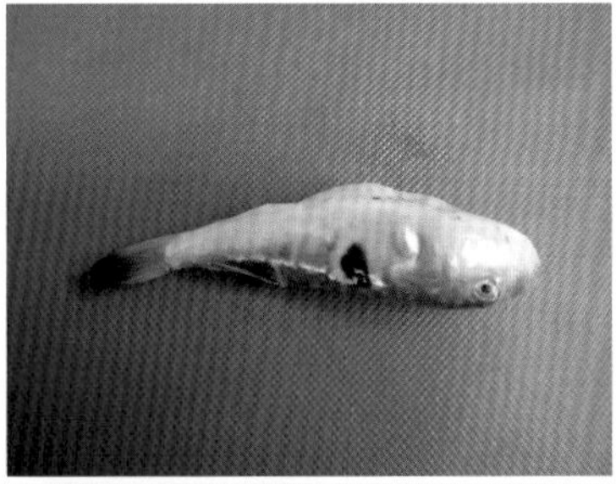

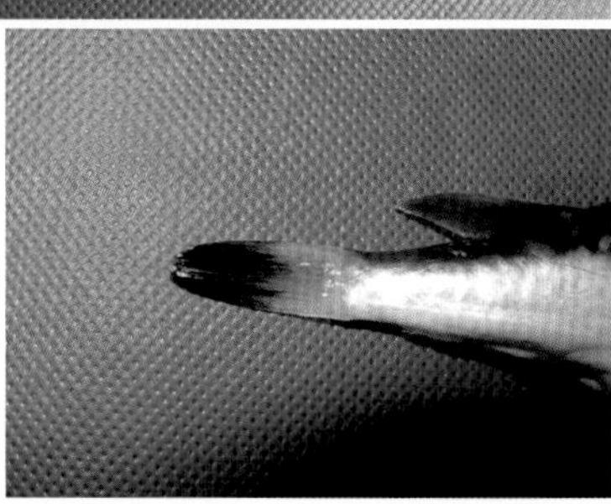

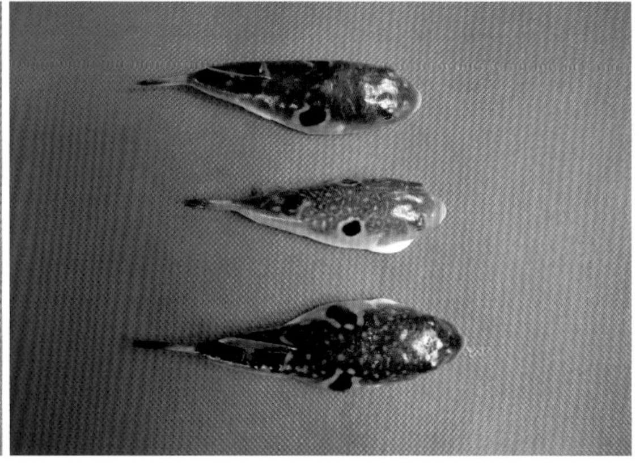

中文种名： 假睛东方鲀

拉丁学名： *Takifugu pseudommus*

分类地位： 脊索动物门 / 辐鳍鱼纲 / 鲀形目 / 鲀科 / 东方鲀属

识别特征： 体延长，近圆柱形，前部粗大，后部渐细而稍侧扁，体侧下部有一纵行皮褶，背面由鼻孔后部至背鳍前、腹面由鼻孔下部至肛门前方均有小刺。无鳞。侧线发达，前端有分支。幼体背部青灰色，散布稀疏白色小斑或不明显浅斑，成体背部灰黑色，通常白斑消失，腹部白色，眼后上方有一不明显眉状暗斑。头宽而圆。吻圆钝。口小，前位，平裂。唇发达，下唇较长，两端上弯。两颌前端各有 2 枚喙状板齿。眼小。具背鳍 1 个，始于肛门后背，基底短，中部鳍条长，鳍后缘黑色，鳍基部下方有一圆形大黑斑，边缘有白色环。胸鳍短宽，侧下位，近方形，上部鳍条稍长，灰褐色，胸鳍后上方有一圆形大黑斑，边缘有白色环。无腹鳍。臀鳍与背鳍同形同大，基底近相对。尾鳍截形，后缘黑色。

主要分布： 渤海、黄海、东海及朝鲜半岛、日本海域。

照片来源： 拍摄样本采集于山东近岸渤海海洋保护区。

虫纹东方鲀 *Takifugu vermicularis*

中文种名：虫纹东方鲀

拉丁学名：*Takifugu vermicularis*

分类地位：脊索动物门 / 辐鳍鱼纲 / 鲀形目 / 鲀科 / 东方鲀属

识别特征：体延长，近圆柱形，前部粗大，后部渐细稍侧扁，体表光滑无刺，体侧下部有一纵行皮褶。无鳞。上半部褐色，具许多圆形或蠕虫状蓝色或白色斑纹，腹面白色，腹侧具一黄色纵纹。头宽圆。吻圆钝。口小，前位，平裂。唇发达，下唇较长，两端上弯。两颌前端各有 2 枚喙状板齿。眼小，侧上位。具背鳍 1 个，艳黄色，始于肛门后背，基底短，中部鳍条长，基部有一深褐色花斑。胸鳍艳黄色，短宽，侧下位，近方形，上部鳍条稍长，胸鳍后上方有一深褐色花斑。无腹鳍。臀鳍与背鳍同形同大，基底近相对，下缘白色。尾鳍截形，橙黄色，下缘白色。

主要分布：渤海、黄海、东海、南海及朝鲜半岛、日本海域。

照片来源：拍摄样本采集于山东近岸渤海海洋保护区。

黄鳍东方鲀 *Takifugu xanthopterus*

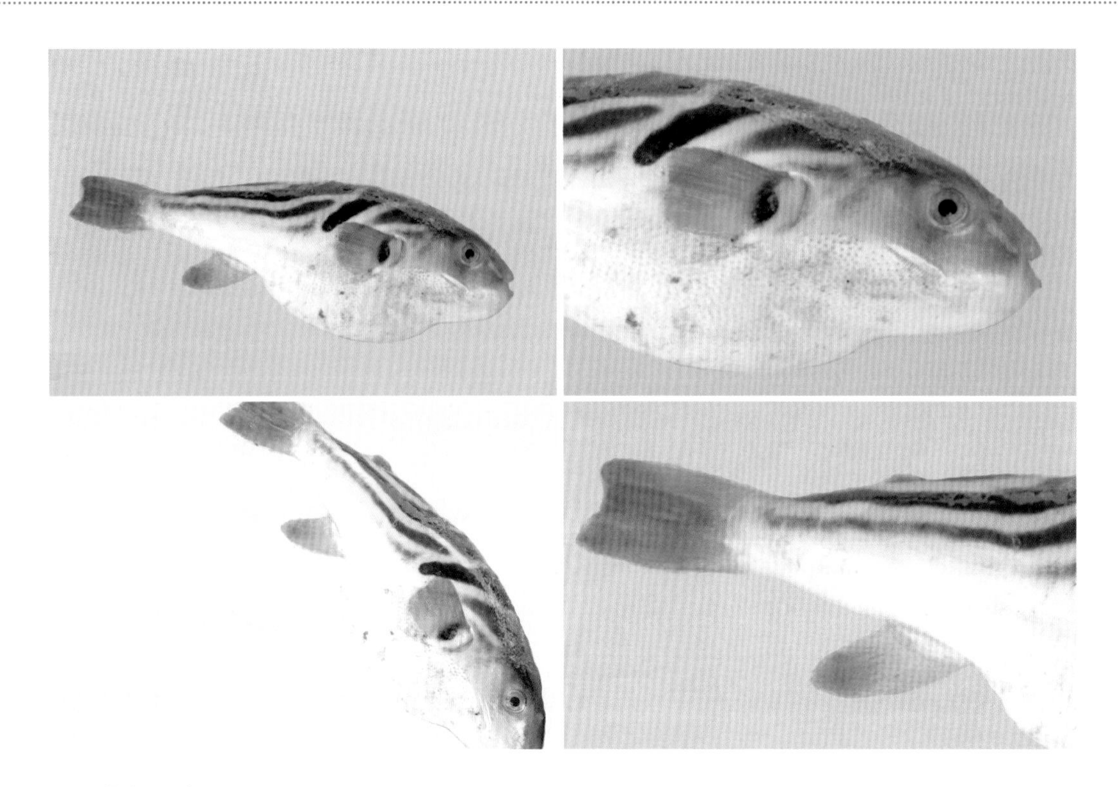

中文种名：黄鳍东方鲀

拉丁学名：*Takifugu xanthopterus*

分类地位：脊索动物门 / 辐鳍鱼纲 / 鲀形目 / 鲀科 / 东方鲀属

识别特征：体延长，近圆柱形，前部粗大，后部渐细稍侧扁，体侧下部有一纵行皮褶，背面由鼻孔后部至背鳍前、腹面由鼻孔下部至肛门前方有小刺。无鳞。体上半部具蓝白相间的波状条纹，腹面白色。头宽圆。吻圆钝。口小，前位，平裂。唇发达，艳黄色，下唇较长，两端上弯。两颌前端各有 2 枚喙状板齿。眼小，侧上位。背鳍 1 个，始于肛门后背，基底短，中部鳍条长，基部有一蓝黑色斑块。胸鳍短宽，侧下位，近方形，上部鳍条稍长，基部有一蓝黑色斑块。无腹鳍。臀鳍与背鳍同形同大，基底近相对。尾鳍截形。各鳍均艳黄色。

主要分布：渤海、黄海、东海、南海及朝鲜半岛、日本海域。

照片来源：拍摄样本采集于山东近岸渤海海洋保护区。

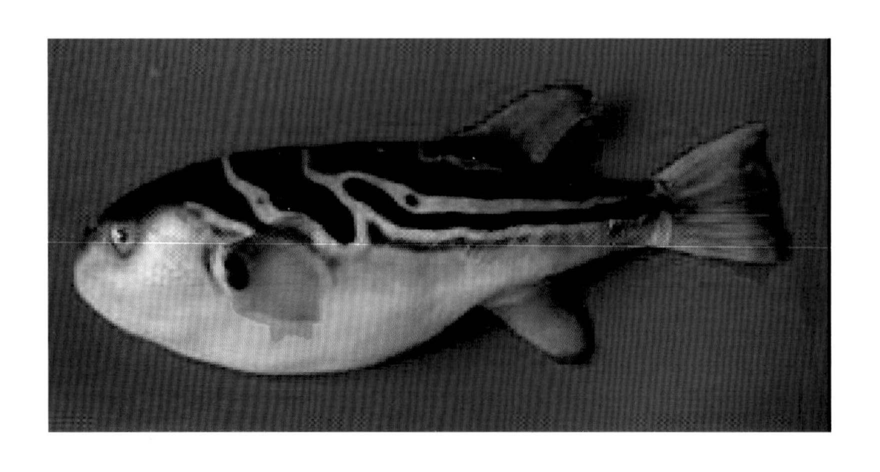

虾蛄科 Squillidae

体扁平，头胸甲小，不覆盖胸部后 4 节，身体背面有数对纵脊。额角前方有 2 个活动节。第 2 触角外肢形成一长圆鳞片。胸肢前 5 对为颚足，后 3 对为步足，第 2 颚足特别强大。腹肢 5 对，双枝形，宽叶片状。尾节短，宽扁，末缘常具强棘，棘间常有小齿。尾肢发达，与尾节合成尾扇。

我国发现 21 属 60 种，山东渤海海洋保护区海域发现 1 属 1 种。

口虾蛄 *Oratosquilla oratoria*

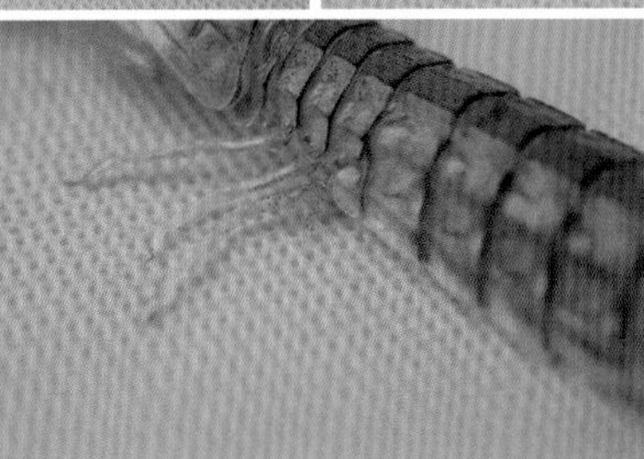

中文种名： 口虾蛄

拉丁学名： *Oratosquilla oratoria*

分类地位： 节肢动物门 / 甲壳纲 / 口足目 / 虾蛄科 / 口虾蛄属

识别特征： 体平扁，头胸甲小，仅覆盖头部和胸部前 4 节，后 4 节外露，腹部宽大，共 6 节；尾节宽而短，背面有中央脊，后缘具强棘。体淡黄色，具间断红色纵纹，尾部边缘具红褐色纵斑。额角略呈方形，前侧角稍圆。第 1 触角柄部细长，末端具 3 条触鞭，第 2 触角柄部 2 节有一触鞭和一长圆鳞片。胸部 8 对附肢，前 5 对颚足，后 3 对步足，第 1 对颚足细长，末节末端平截并具刷状毛，第 2 对颚足特别强大，呈螳臂状，指节侧扁，有 6 个尖齿，可与掌节边缘凹槽部分吻合，第 3 至第 5 对颚足较第 1 对短，末端为小螯，步足细弱无螯，雄性第 3 步足基部内侧有 1 对细长交接棒。腹部前 5 腹节各有 1 对腹肢，雄性第 1 对腹肢的内肢变形为执握器，最后 1 对腹肢为发达的片状尾肢，内侧有一强大的叉状刺突。

主要分布： 渤海、黄海、东海、南海及俄罗斯、菲律宾、马来西亚、夏威夷群岛等西太平洋海域。

照片来源： 拍摄样本采集于山东近岸渤海海洋保护区。

对虾科 Penaeidae

体侧扁。额角发达，侧扁有齿。第 1 触角具 2 鞭。大颚具门齿部及臼齿部，两部分紧相连接；大颚有触须，分 2 节，叶片状。第 3 颚足棒状，分 7 节。前 3 对步足钳状。雄性第 1 对腹肢上具交接器，第 2 对腹肢具雄性附肢。雌性第 4 及第 5 对步足间腹甲具交接器。

我国发现 17 属 72 种，山东渤海海洋保护区海域发现 5 属 5 种。

中国明对虾 *Fenneropenaeus chinensis*

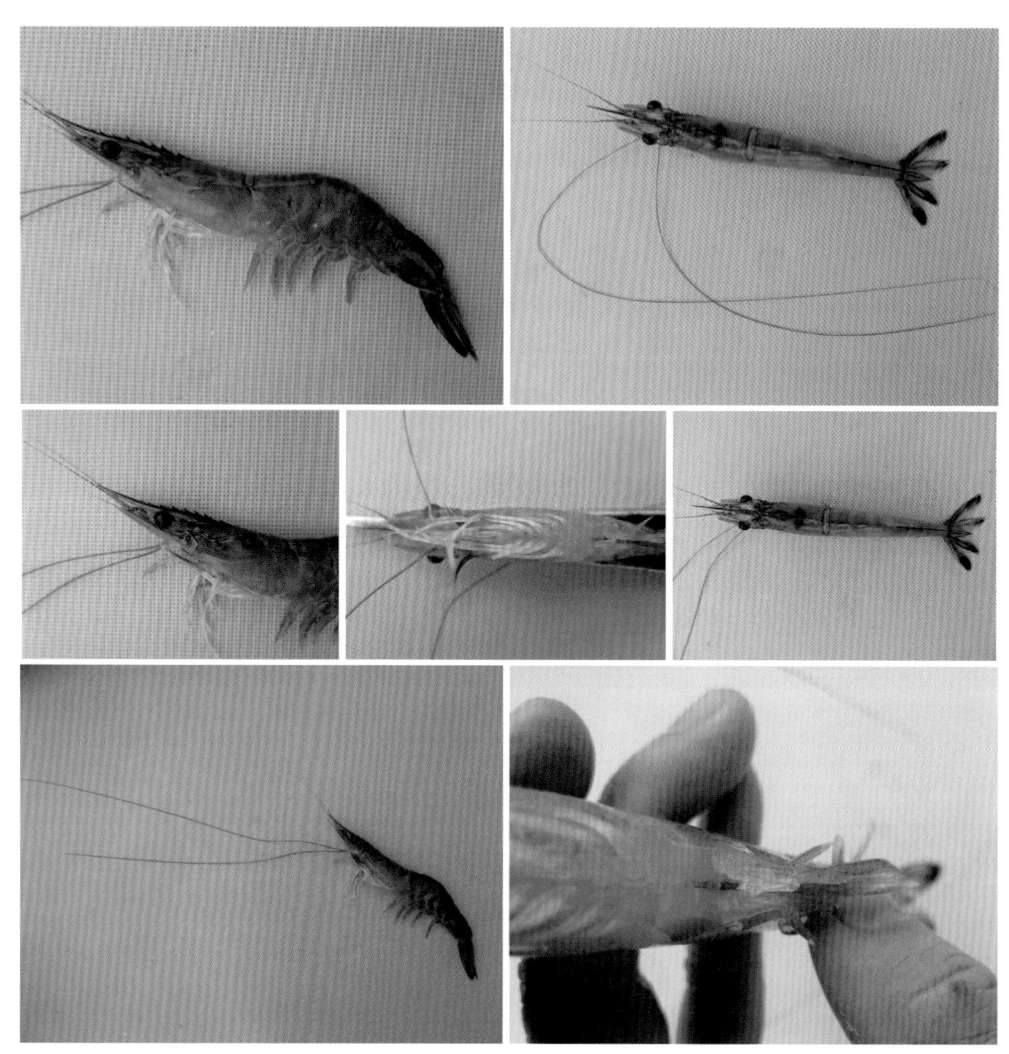

中文种名： 中国明对虾

拉丁学名： *Fenneropenaeus chinensis*

分类地位： 节肢动物门 / 甲壳纲 / 十足目 / 对虾科 / 明对虾属

识别特征： 体型较大，甲壳透明，散布有棕蓝色细点，胸部及腹部肢体略带红色，尾节较短，末端甚尖，两侧无活动刺。雌体青蓝色，雄体棕黄色。额角较长，超过第 1 触角柄末，平直前伸，基部微突，末部稍粗，上下缘均具齿，上缘 7 ～ 9 枚齿，末端无齿，下缘 3 ～ 5 枚小齿。触角 2 对，第 1 触角触鞭较长，约为头胸甲的 1.4 倍，第 2 触角触鞭甚长，约为体长的 2.5 倍。头胸甲具眼眶触角沟、颈沟、额角侧沟及肝沟，无中央沟和额胃沟；具触角刺、肝刺及胃上刺，无眼上刺和颊刺；眼胃脊明显，无肝脊。腹部 7 节，第 4 至第 6 节背面中央具纵脊。颚足 3 对。步足 5 对，前 3 对钳状，具基节刺；后 2 对爪状，第 1 对具座节刺。腹肢 5 对，雄性第 1 腹肢内肢呈圆筒状交接器，雌性第 4、第 5 对步足基部间腹甲具一圆盘状交接器。尾肢 1 对，末端深棕蓝色间杂红色。

主要分布： 渤海、黄海、东海、南海及朝鲜半岛、日本、越南海域。

照片来源： 拍摄样本采集于山东近岸渤海海洋保护区。

日本囊对虾 *Marsupenaeus japonicus*

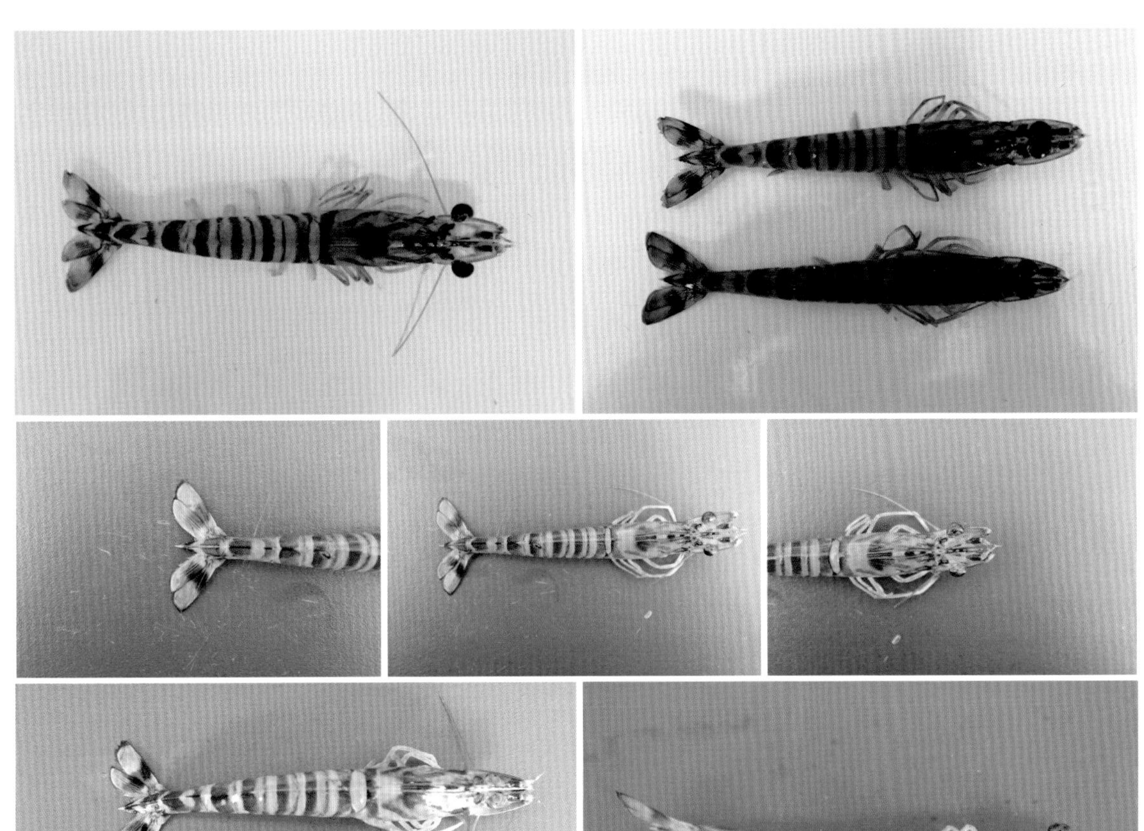

中文种名： 日本囊对虾

拉丁学名： *Marsupenaeus japonicus*

分类地位： 节肢动物门 / 甲壳纲 / 十足目 / 对虾科 / 囊对虾属

识别特征： 体具棕蓝相间横斑纹，雌性偏棕褐色，雄性偏青蓝色。附肢黄色，尾节较短，两侧具 3 对侧刺。额角微呈正弯弓形，上下缘均具齿，上缘具 8 ~ 12 枚齿，末端无齿，下缘 1 ~ 2 枚小齿。触角 2 对，第 1 触角触鞭短于头胸甲的 1/2，第 2 触角触鞭甚长。头胸甲具中央沟、额角侧沟，有明显的肝脊，无额胃脊。腹部 7 节，第 4 至第 6 节背面中央具纵脊。颚足 3 对。步足 5 对，前 3 对钳状，具基节刺；后 2 对爪状，第 1 对无座节刺。腹肢 5 对，雄性第 1 腹肢内肢为交接器，雌性第 4、第 5 对步足基部间腹甲具一长圆柱形交接器。尾肢 1 对，蓝色和黄色。

主要分布： 自然分布于黄海、东海、南海、黄海及朝鲜半岛、日本、菲律宾、澳大利亚南非、红海、印度等印度—太平洋海域；渤海为增殖放流种群。

照片来源： 拍摄样本采集于山东近岸渤海海洋保护区。

凡纳滨对虾 *Litopenaeus vannamei*

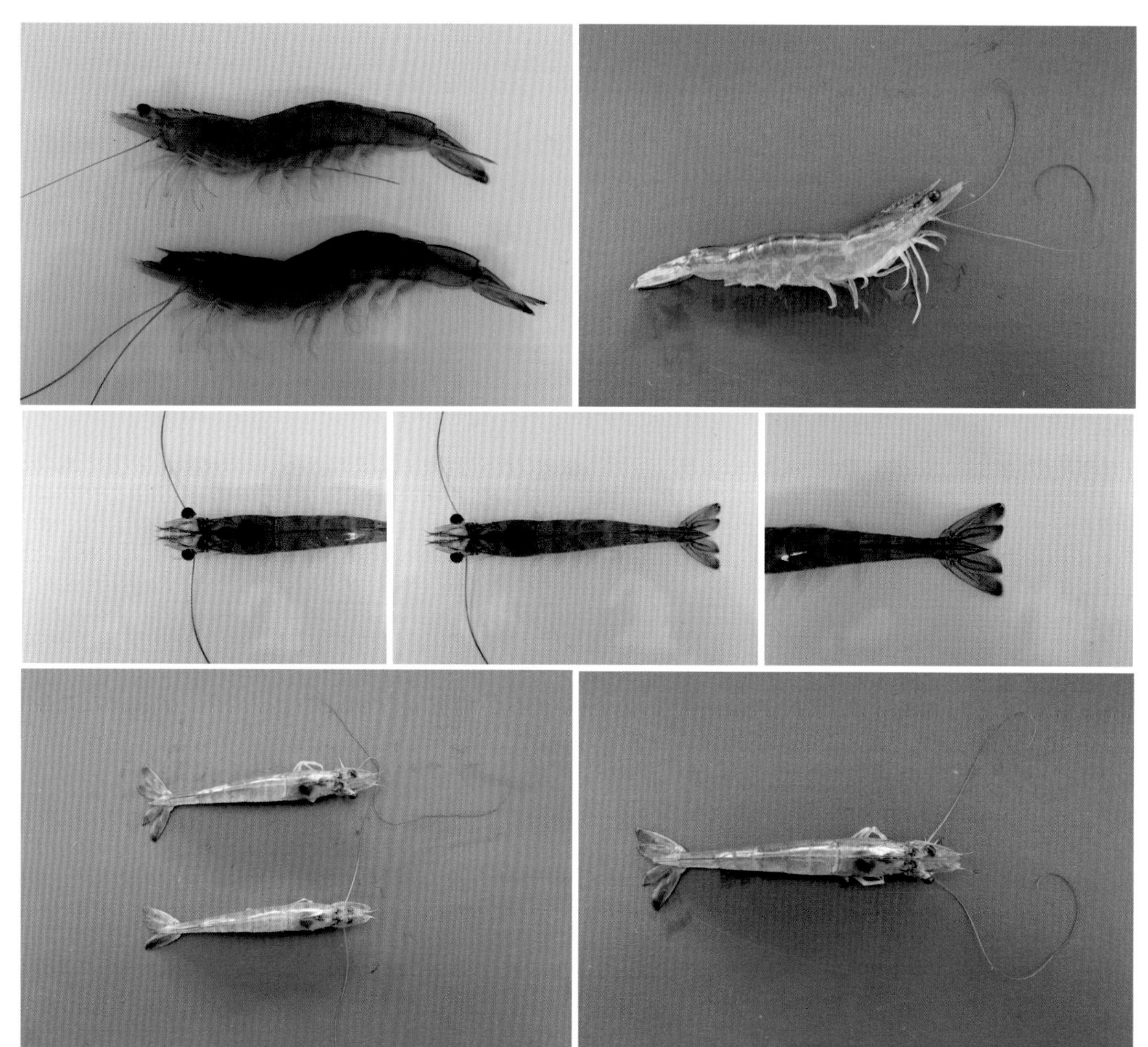

中文种名：凡纳滨对虾

拉丁学名：*Litopenaeus vannamei*

分类地位：节肢动物门 / 甲壳纲 / 十足目 / 对虾科 / 对虾属

识别特征：体浅灰色，略带小斑点，尾扇底端外缘带状红色，前足常白垩色。尾节具中央沟。额角较短，不超过第 1 触角柄的第 2 节；上、下缘均具齿，上缘具 5 ～ 9 枚齿，末端无齿，下缘 1 ～ 2 枚小齿。触角 2 对，第 1 触角触鞭短，第 2 触角触鞭甚长。头胸甲额角侧沟和额角侧脊短，具触角刺、肝刺和胃上刺，无鳃甲刺和颊刺，肝脊明显。腹部 7 节，第 4 至第 6 节背面中央有纵脊。颚足 3 对。步足 5 对，前 3 对钳状，后 2 对爪状。腹肢 5 对，雄性第 1 腹肢内肢特化为卷筒状交接器，雌性第 4、第 5 对步足基部间外骨骼呈 W 状，不具纳精囊。尾肢 1 对。

主要分布：原产于美洲太平洋沿岸，引进我国并在渤海、黄海、东海、南海开展了较大规模的人工养殖。

照片来源：拍摄样本采集于山东近岸渤海海洋保护区。

周氏新对虾 *Metapenaeus joyneri*

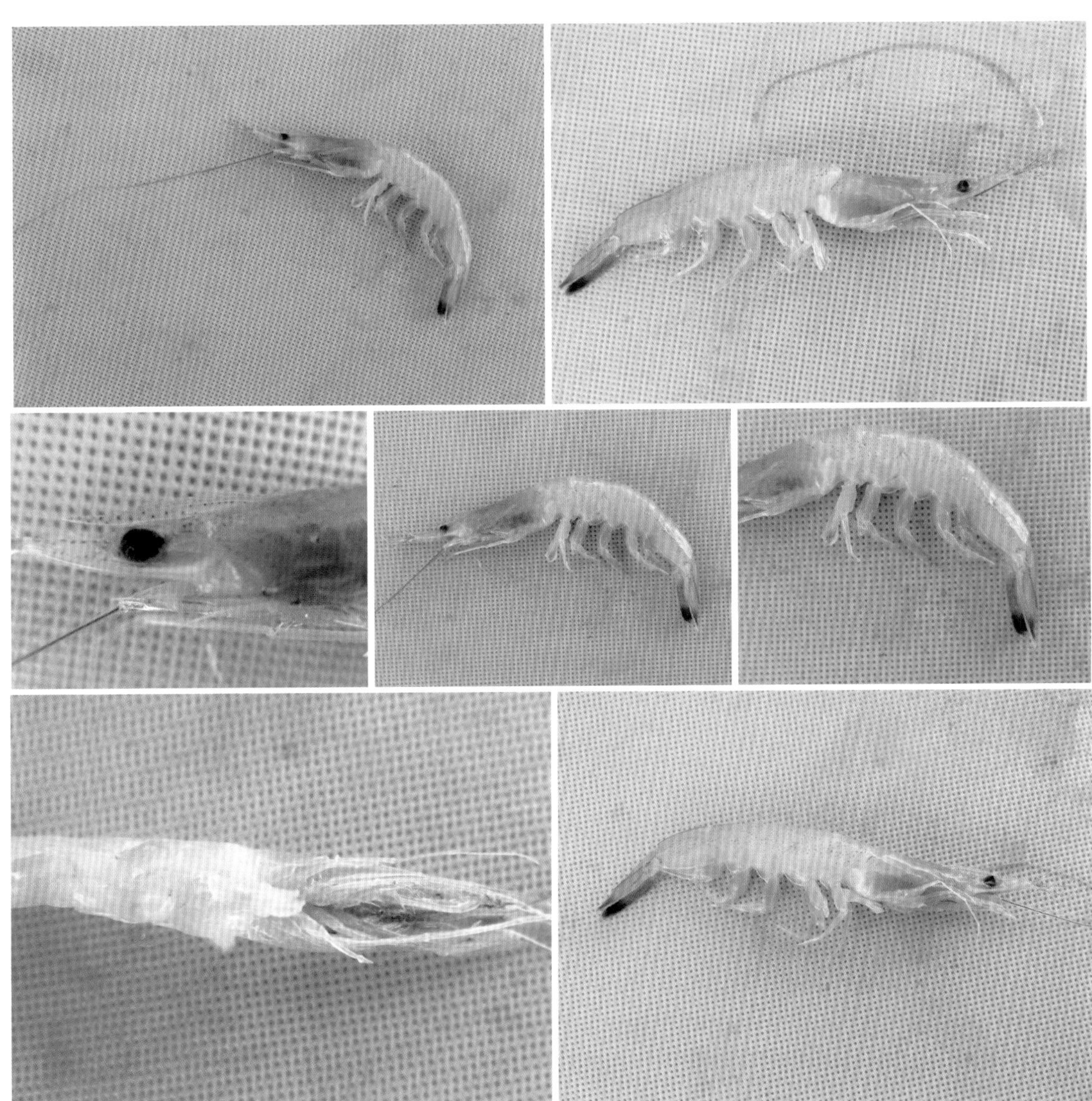

中文种名： 周氏新对虾

拉丁学名： *Metapenaeus joyneri*

分类地位： 节肢动物门 / 甲壳纲 / 十足目 / 对虾科 / 新对虾属

识别特征： 甲壳薄，透明，体被棕蓝色斑点，尾节具中央沟，侧缘无刺。额角较短，约为头胸甲的1/3或1/2，上缘具5～9枚齿，末端及下缘无齿。触角2对，第1触角触鞭稍短于头胸甲，第2触角触鞭较长。头胸甲颈沟和肝沟明显，具触角刺、肝刺和胃上刺，无眼上刺和颊刺。腹部7节，第1至第6节背面中央有纵脊。颚足3对。步足5对，前3对钳状，具基节刺；后2对爪状，第1对无座节刺，雄性第3步足具棒状基节刺。腹肢5对，雄性交接器宽大坚硬，背腹略呈长方形，雌性生殖器官中央板被新月形侧板包围。尾肢1对，末端半棕褐色，边缘红色。

主要分布： 渤海、黄海、东海、南海及朝鲜半岛、日本海域。

照片来源： 拍摄样本采集于山东近岸渤海海洋保护区。

鹰爪虾 *Trachysalambria curvirostris*

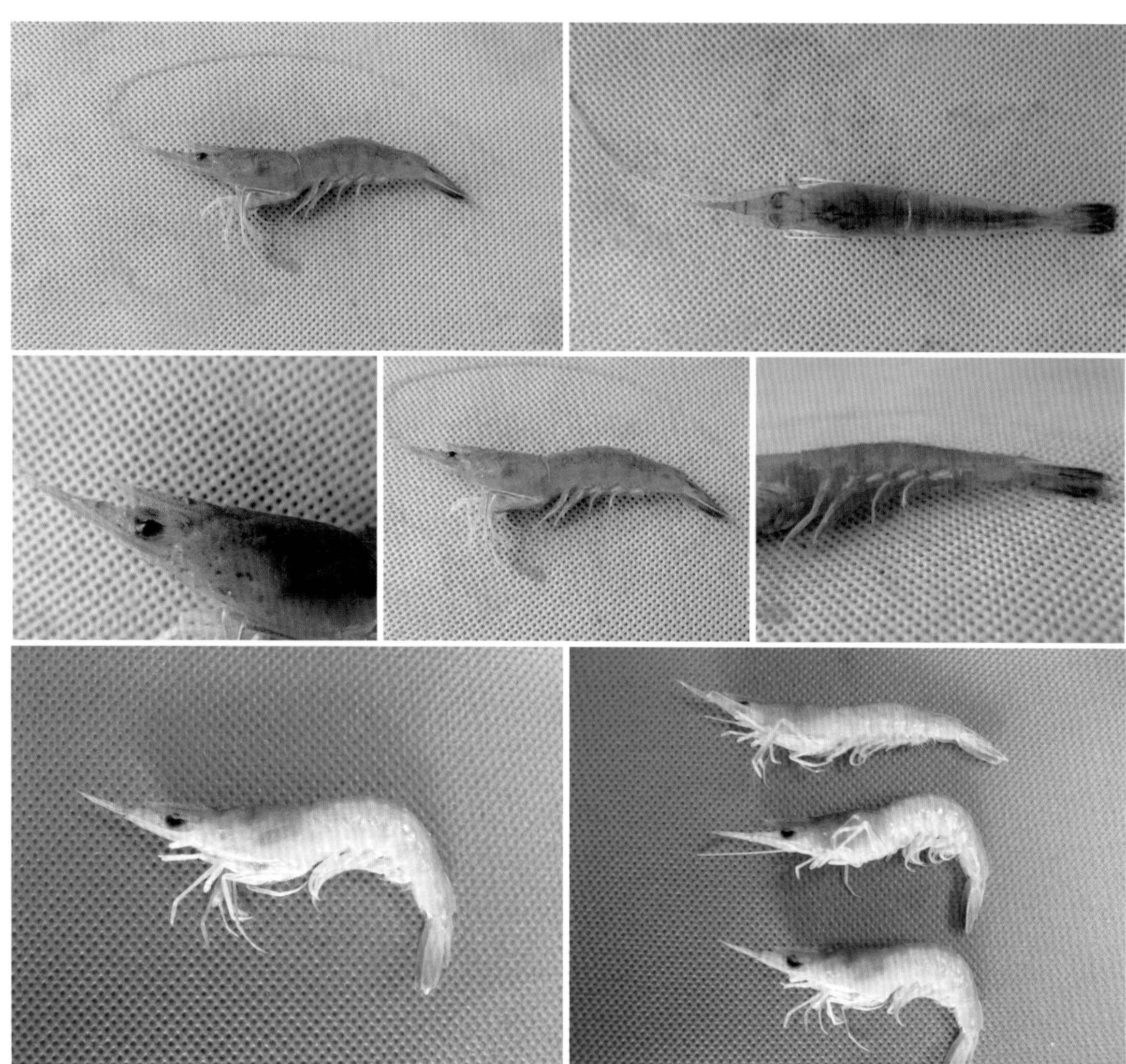

中文种名：鹰爪虾

拉丁学名：*Trachysalambria curvirostris*

分类地位：节肢动物门 / 甲壳纲 / 十足目 / 对虾科 / 鹰爪虾属

识别特征：体型较粗，甲壳厚，表面粗糙不平，尾节稍长，侧缘各具 3 个活动刺。红黄色，腹部各节前缘白色。额角较短，末端略弯，约为头胸甲的 1/2，上缘具 5 ~ 7 枚齿，末端及下缘无齿。触角 2 对，第 1 触角触鞭等长，稍大于头胸甲的 1/2，第 2 触角触鞭较长。头胸甲具眼上刺，无颊刺，额角侧脊和额角后脊较长，触角脊明显，触角刺上方具甚短纵缝，眼眶触角沟及颈沟较浅，肝沟宽而深。腹部 7 节，第 2 至第 6 节背面中央具纵脊，第 6 节侧角各具一小刺。颚足 3 对。步足 5 对，前 3 对钳状，后 2 对爪状，前 2 对具基节刺，第 1 对具座节刺。腹肢 5 对，雄性交接器锚形，雌性交接器两片，前片近半圆形，后片近方形。尾肢 1 对。

主要分布：渤海、黄海、东海、南海及朝鲜半岛、日本、菲律宾、澳大利亚、地中海、南非、红海、印度等印度—太平洋海域。

照片来源：拍摄样本采集于山东近岸渤海海洋保护区。

樱虾科 Sergestidae

头胸甲侧扁，额角小、短于眼柄。雄性第1触角下鞭变形，成为抱持器。第2触角鞭长，呈S形弯曲，自弯曲处至末端间生有长感觉毛。第1颚足具外肢及肢鳃，第3颚足、步足都不具肢鳃。胸部自第2颚足始各附肢不具外肢，鳃数少，无关节鳃。第4、第5对步足小或全缺。雄性交接器对称，雌性无特殊交接器。雌性第3步足、底节及其间的腹甲变形。本科有许多热带浮游或深海种类，有些种类偶尔栖息在半咸水中。

我国发现3属26种，山东渤海海洋保护区海域发现1属1种。

中国毛虾 *Acetes chinensis*

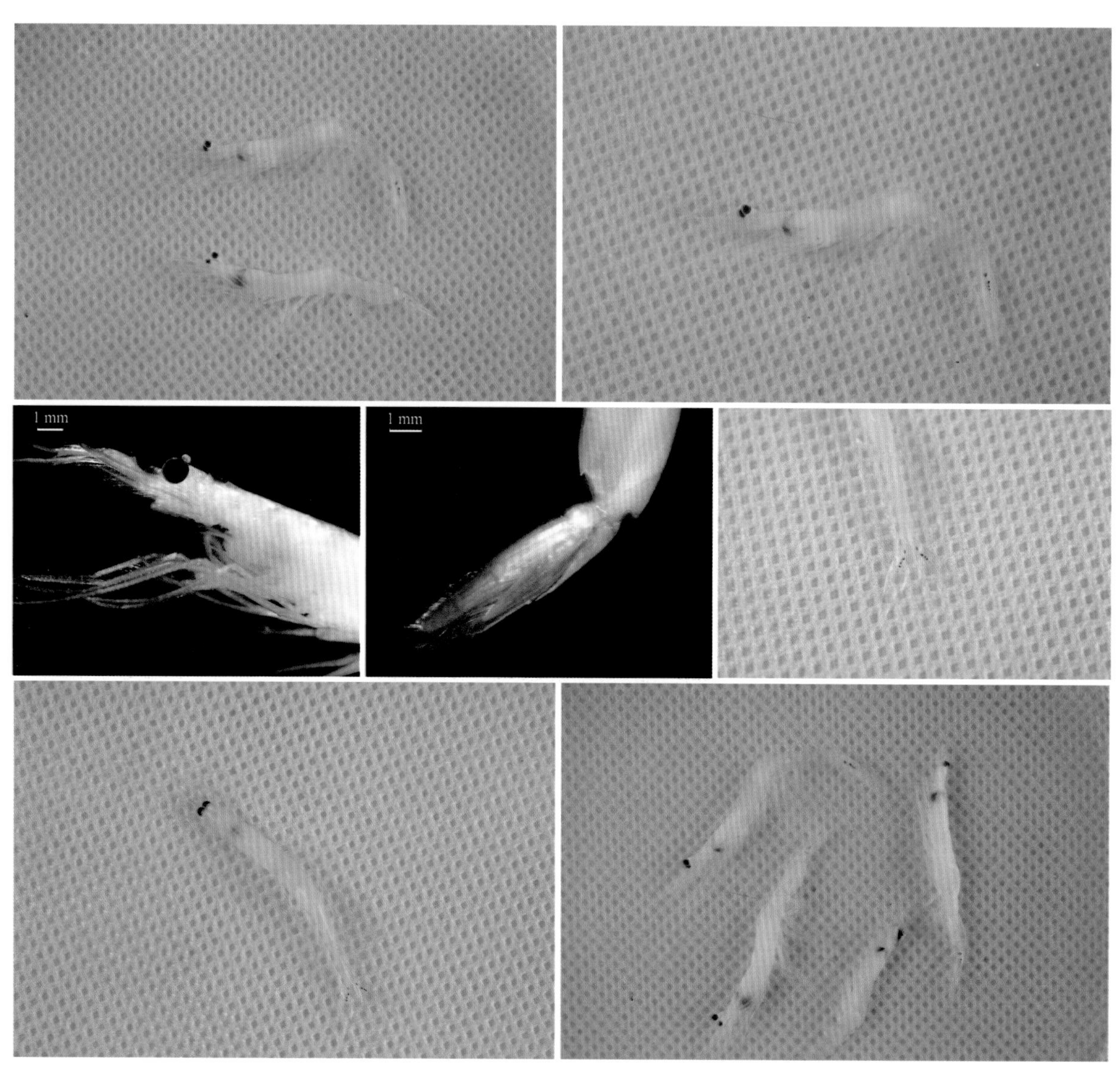

中文种名：中国毛虾

拉丁文名：*Acetes chinensis*

分类地位：节肢动物门 / 软甲纲 / 十足目 / 樱虾科 / 毛虾属

识别特征：体小型，侧扁。甲壳薄，透明。额角短小，下缘斜而微曲，上缘具 2 枚齿。头胸甲具眼后刺及肝刺。眼圆形，眼柄细长。第 1 触角雌雄不同，雌性第 3 柄节较短，下鞭细而直；雄性第 3 柄节较长。步足 3 对，末端为微细钳状，第 3 对最长，第 4、第 5 对完全退化。雄性交接器位于第 1 腹肢原肢的内侧；雌性生殖板在第 3 对胸足基部之间。腹部第 6 节最长，略短于头胸甲，其长度约为高度的 2 倍。尾节甚短，末端圆形无刺，尾肢内肢基部有 1 列红色小点，数目 2 ～ 8 个。

主要分布：渤海、黄海、东海、南海及朝鲜半岛、日本海域。

照片来源：拍摄样本采集于山东近岸渤海海洋保护区。

鼓虾科 Alpheidae

额角短小或无，不呈齿状。头胸甲光滑，多无触角刺，有时具眼上刺及颊刺。尾节宽短，舌状。眼全部或部分被头胸甲前缘覆盖。大鄂有门齿部及臼齿部。有触须，须由 2 节构成。第 2 颚足末端第 1 节连于第 2 节侧面，第 3 颚足具外肢。步足 5 对，具肢鳃，第 1 步足呈钳状，左右多不对称，第 2 步足细小，钳状，腕由 3 小节、4 小节或 5 小节构成，后 3 对步足呈爪状。

我国发现 13 属 126 种，山东渤海海洋保护区海域发现 1 属 2 种。

鲜明鼓虾 *Alpheus distinguendus*

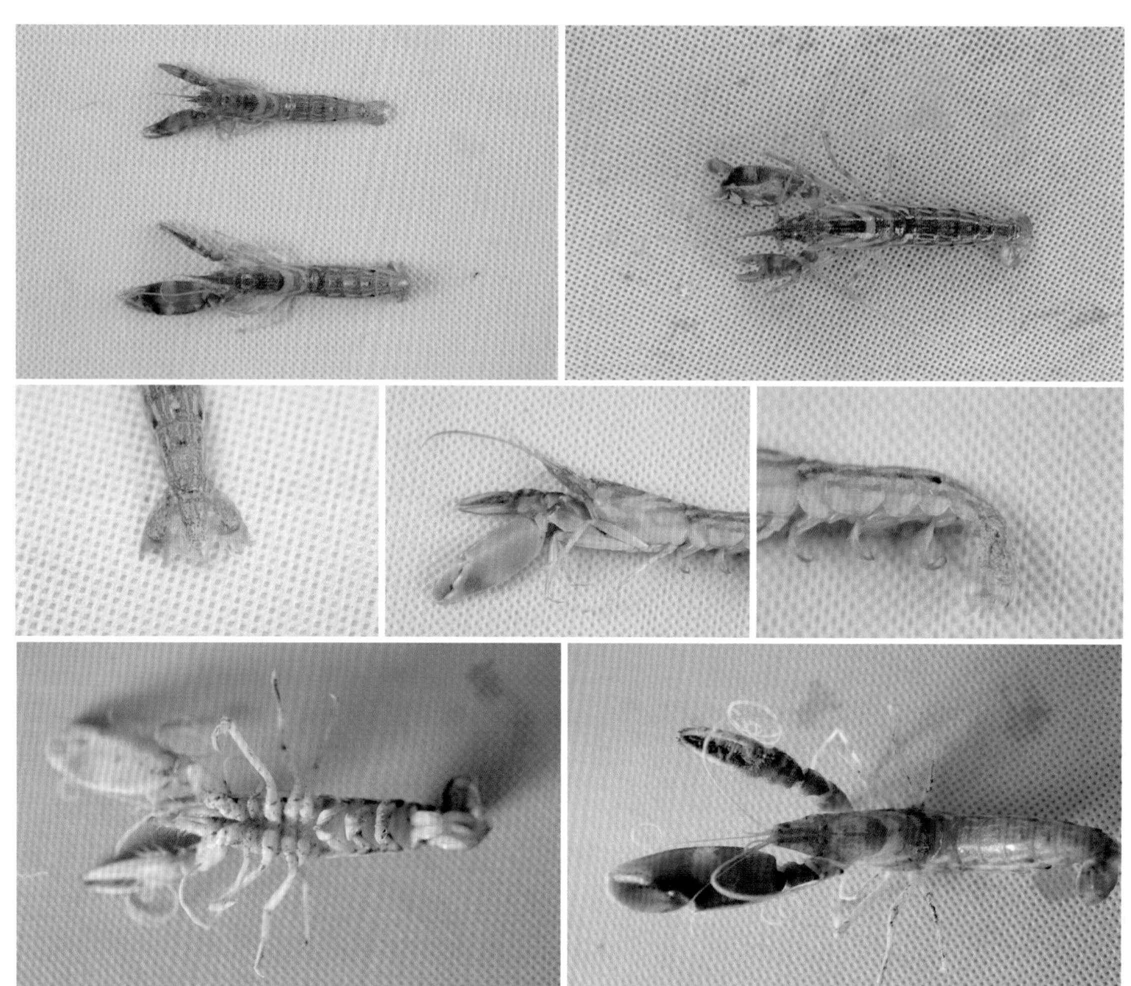

中文种名：鲜明鼓虾

拉丁学名：*Alpheus distinguendus*

分类地位：节肢动物门 / 甲壳纲 / 十足目 / 鼓虾科 / 鼓虾属

识别特征：体色鲜艳，花纹明显，头胸甲具3个棕黄色半环状斑纹，腹部各节背面具棕黄色纵斑，第4节近后缘具3个棕黑色斑点，第5节具1个斑点，大小螯肢背面棕黄色与白色斑纹相间，腹面白色。额角细小，刺状。触角2对，第1触角柄长，上鞭较短，下鞭细长，第2触角鳞片外缘末端刺长。头胸甲无刺，完全覆盖两眼，额角后脊长，两侧具沟。腹部各节短圆，第2腹节侧甲覆盖部分第1腹节侧甲。尾节宽扁，舌状，末缘圆弧形，有1列小刺和长羽状毛，后侧角各具2个活动小刺，背中央具纵沟，沟两侧前后各具活动刺1对。颚足3对。步足5对，前2对钳状，后3对爪状，第1对特强大，不对称，掌部边缘无沟，无缺刻，无刺，第2对细小，腕节由5小节构成。腹肢5对，皆具内附肢，雄性附肢细小，棒状，末端具刺毛。尾肢1对，宽短，外肢外缘近末端处有一横裂痕。

主要分布：渤海、黄海、东海及朝鲜半岛、日本海域。

照片来源：拍摄样本采集于山东近岸渤海海洋保护区。

日本鼓虾 *Alpheus japonicus*

中文种名：日本鼓虾

拉丁学名：*Alpheus japonicus*

分类地位：节肢动物门 / 甲壳纲 / 十足目 / 鼓虾科 / 鼓虾属

识别特征：体背面棕红色或绿褐色，头胸甲中部背面具 2 个半环状斑纹，腹部白色。额角尖小，刺状。触角 2 对，第 1 触角柄短，第 2 触角鳞片外缘末端刺长。头胸甲无刺，完全覆盖双眼，额角后脊宽短，两侧具沟。腹部各节短圆，第 2 腹节侧甲覆盖部分第 1 腹节侧甲。尾节宽而扁，舌状，末缘圆弧形，有 1 列小刺和长羽状毛，后侧角各具 2 个活动小刺，无纵沟。颚足 3 对。步足 5 对，前 2 对钳状，后 3 对爪状，第 1 对特强大，不对称，大螯细长，掌部内外缘不动指后方各具一缺刻，大螯缺刻明显深于小螯，掌外缘可动指基部背腹面各具一刺，第 2 对细小，腕节由 5 小节构成。腹肢 5 对，皆具内附肢，雄性附肢细小，棒状，末端具刺毛。尾肢 1 对，宽短，外肢外缘近末端处有一横裂。

主要分布：渤海、黄海、东海、南海及朝鲜半岛、日本海域。

照片来源：拍摄样本采集于山东近岸渤海海洋保护区。

褐虾科 Crangonidae

额角短小或刺状。头胸甲硬厚，有时凹凸不平。大颚简单，无触须。第 2 颚足末节甚小，斜接于末 2 节末端。第 3 颚具外肢。步足不具肢鳃，第 1 步足强大，半钳状，第 2 步足细小，腕不分节，第 3 步足细小。第 4、第 5 步足强大。尾节尖细。

我国发现 9 属 23 种，山东渤海海洋保护区海域发现 1 属 1 种。

日本褐虾 *Crangon hakodatei*

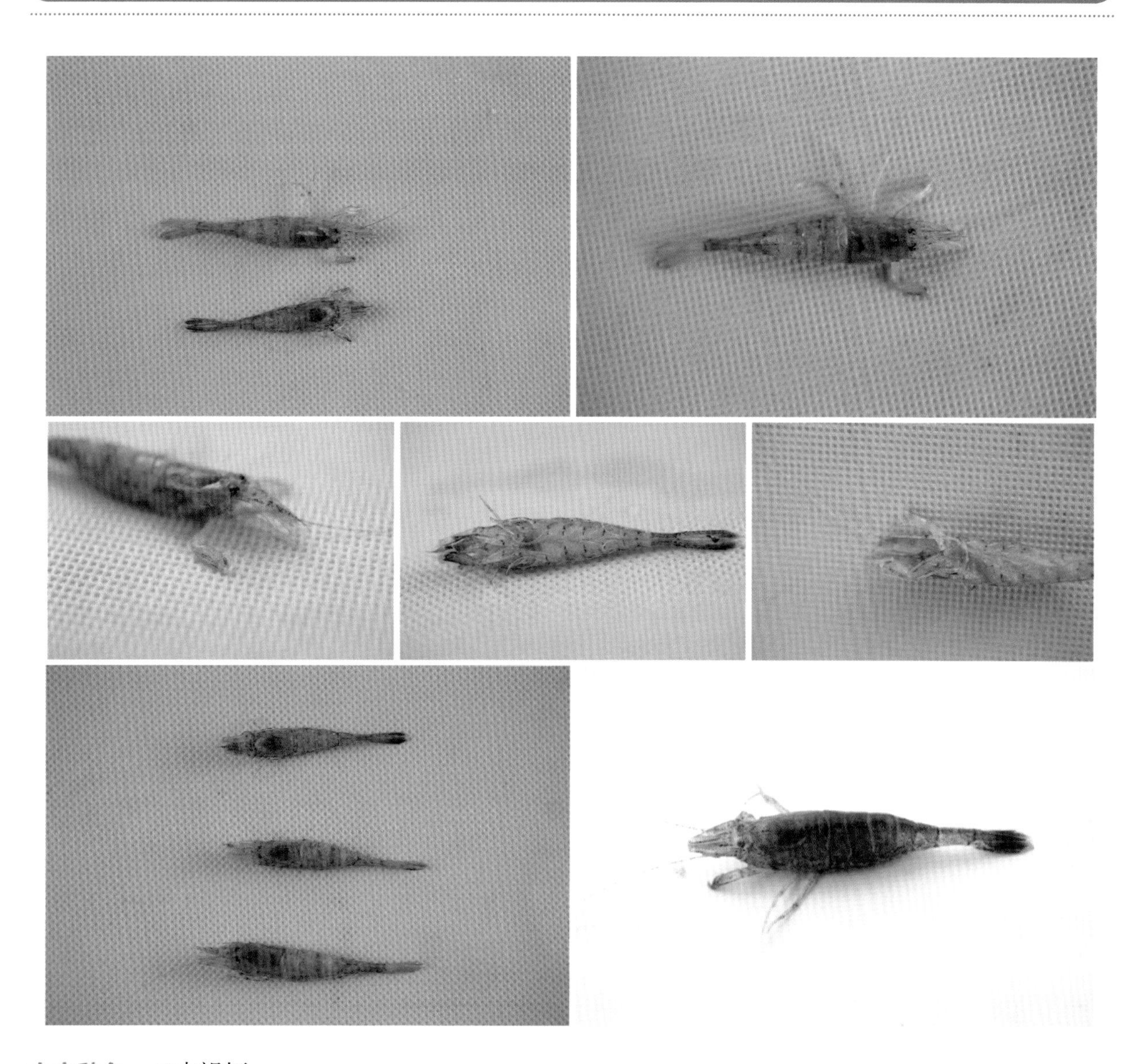

中文种名： 日本褐虾

拉丁学名： *Crangon hakodatei*

分类地位： 节肢动物门 / 甲壳纲 / 十足目 / 褐虾科 / 褐虾属

识别特征： 甲壳表面粗糙不平，具软毛，体灰褐色，满布褐色斑点，无固定花纹。额角平扁，短小，末端圆形，钥匙状。触角 2 对。头胸甲宽圆，具触角刺、肝刺、胃上刺及颊刺，颊刺尖锐突出，肝沟明显，触角刺外侧有一细纵缝。腹部圆滑无脊，第 2 腹节侧甲覆盖部分第 1 腹节侧甲，第 3 至第 5 腹节有模糊的背中央脊，第 6 腹节背面和腹面皆有沟。尾节细长，侧缘后部具 2 对小刺，末端尖细，三角形，两侧具 2 对小刺，中间有刺毛 1 对。颚足 3 对。步足 5 对，步足间腹甲上具一刺，前 2 对螯状，第 1 对步足强大，半钳状，长节内缘中部具一尖刺，第 2 步足细，钳微小，后 3 对步足爪状。腹肢 5 对，雄性第 1 腹肢的附肢短小，为一长圆形小突起，内缘有刺毛，雌性第 1 腹肢的内肢较长。尾肢 1 对，粗短。

主要分布： 渤海、黄海、东海及朝鲜半岛、日本海域。

照片来源： 拍摄样本采集于山东近岸渤海海洋保护区。

长臂虾科 Palaemonidae

额角多为侧扁，头胸甲具独角刺，鳃甲刺及肝刺有或无。眼发达。大颚门齿部及臼齿部分离。触须有或无。第 2 颚足末节接于末 2 节内侧，第 3 颚足具外肢。前 2 对步足钳状，腕不分节，第 1 步足较小。步足不具肢鳃。

我国发现 36 属 152 种，山东渤海海洋保护区海域发现 2 属 2 种。

脊尾白虾 *Exopalaemon carinicauda*

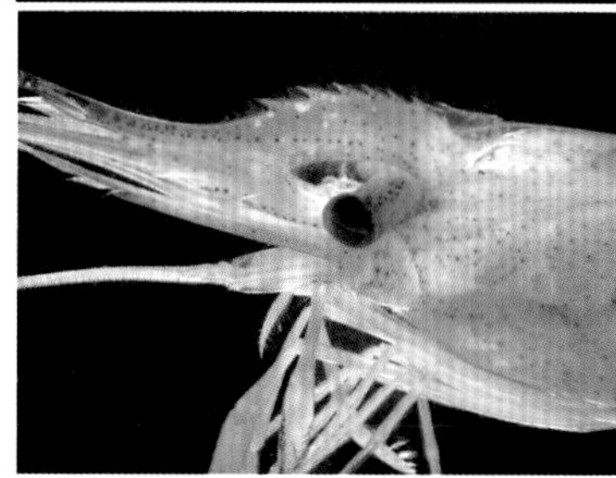

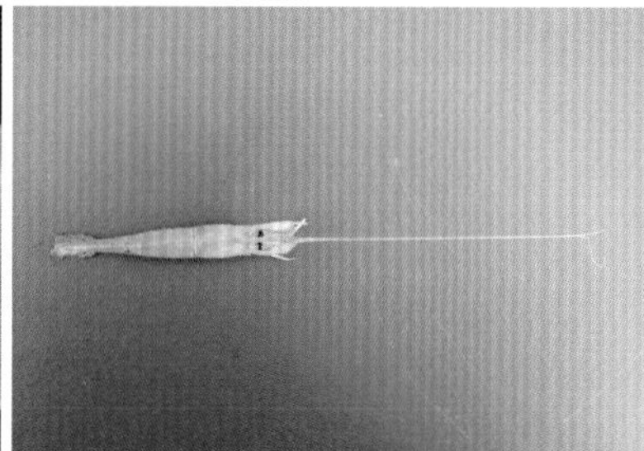

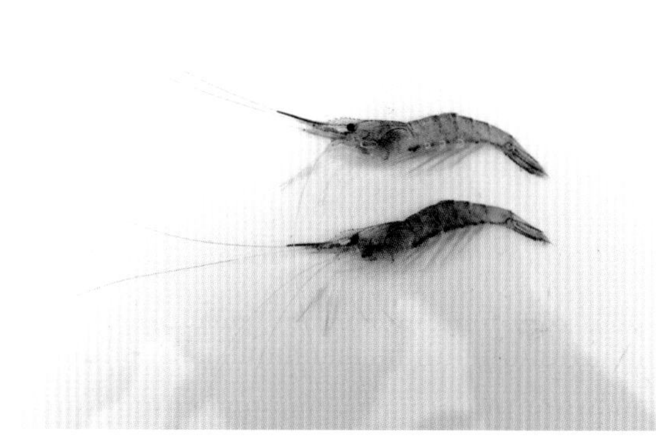

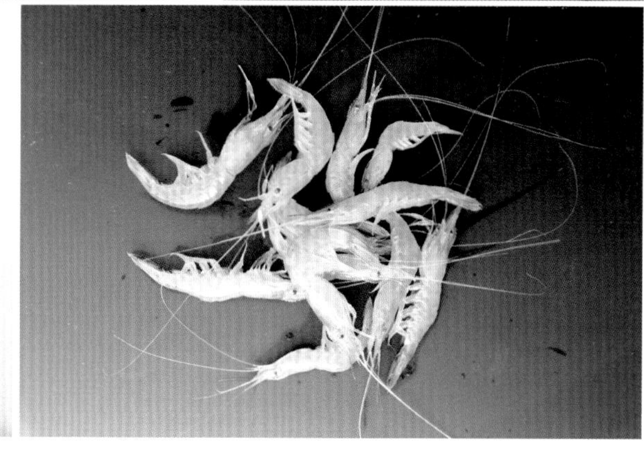

中文种名： 脊尾白虾

拉丁学名： *Exopalaemon carinicauda*

分类地位： 节肢动物门 / 甲壳纲 / 十足目 / 长臂虾科 / 白虾属

识别特征： 体透明，微带蓝色或红色小斑点，腹部各节后缘颜色较深。额角侧扁细长，为头胸甲的 1.2 ~ 1.5 倍，基部具冠状隆起，末端稍向上扬起，上、下缘均具齿，上缘具 6 ~ 9 枚齿，末端具一附加小齿，下缘 3 ~ 6 枚齿。触角 2 对。触角刺甚小，鳃甲刺较大，上方有一明显鳃甲沟。腹部 7 节，第 3 至第 6 节背面中央有明显纵脊，第 2 腹节侧甲覆盖部分第 1 腹节侧甲。尾节背面圆滑，具 2 对活动刺。3 对颚足。步足 5 对，前 2 对螯状，第 2 步足较第 1 步足显著粗大，指节细长，大于掌节。腹肢 5 对。尾肢 1 对，粗短。

主要分布： 渤海、黄海、东海、南海及朝鲜半岛沿海。

照片来源： 拍摄样本采集于山东近岸渤海海洋保护区。

葛氏长臂虾 *Palaemon gravieri*

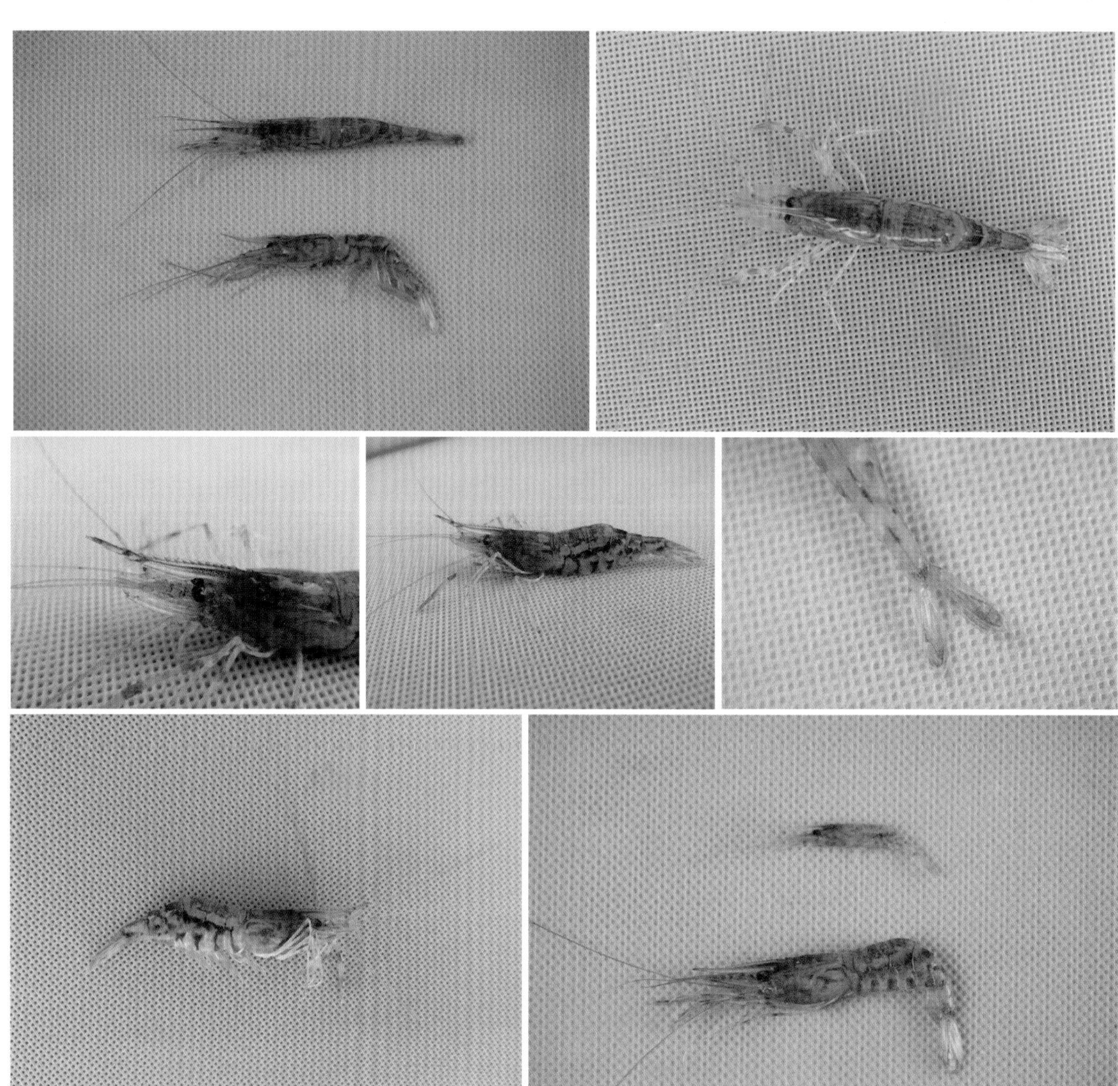

中文种名： 葛氏长臂虾

拉丁学名： *Palaemon gravieri*

分类地位： 节肢动物门 / 甲壳纲 / 十足目 / 长臂虾科 / 长臂虾属

识别特征： 体半透明，略带淡黄色，全身具棕红色大斑纹，第 1 至第 3 腹节背甲与侧甲之间具浅色横斑。额角等于或稍大于头胸甲，上缘平直，末端甚细，稍向上扬起，上、下缘均具齿，上缘具 11 ～ 17 枚齿，末端具 1 ～ 2 枚附加齿，下缘具 5 ～ 7 枚齿。触角 2 对。触角刺和鳃甲刺近等大，鳃甲沟明显。腹部 7 节，第 3 至第 5 节背面中央有不明显纵脊，第 2 腹节侧甲覆盖部分第 1 腹节侧甲。3 对颚足。步足 5 对，前 2 对螯状，第 2 步足较第 1 步足显著粗大，指节短于掌节，小部分腕节超过第 2 触角鳞片，可动指基部具二齿状突，不动指具一齿。腹肢 5 对。尾肢 1 对，粗短。

主要分布： 渤海、黄海、东海及朝鲜半岛沿海。

照片来源： 拍摄样本采集于山东近岸渤海海洋保护区。

玻璃虾科 Pasiphaeidae

额角短小，大颚无臼齿部。第 2 颚足末节接于第 6 节顶端，外肢较小或无。前 2 对步足较后 3 对强大，末端细长钳状，指及掌皆细，腕节短，不分节。5 对步足均具发达外肢。

我国发现 5 属 12 种，山东渤海海洋保护区海域发现 1 属 1 种。

细螯虾 *Leptochela gracilis*

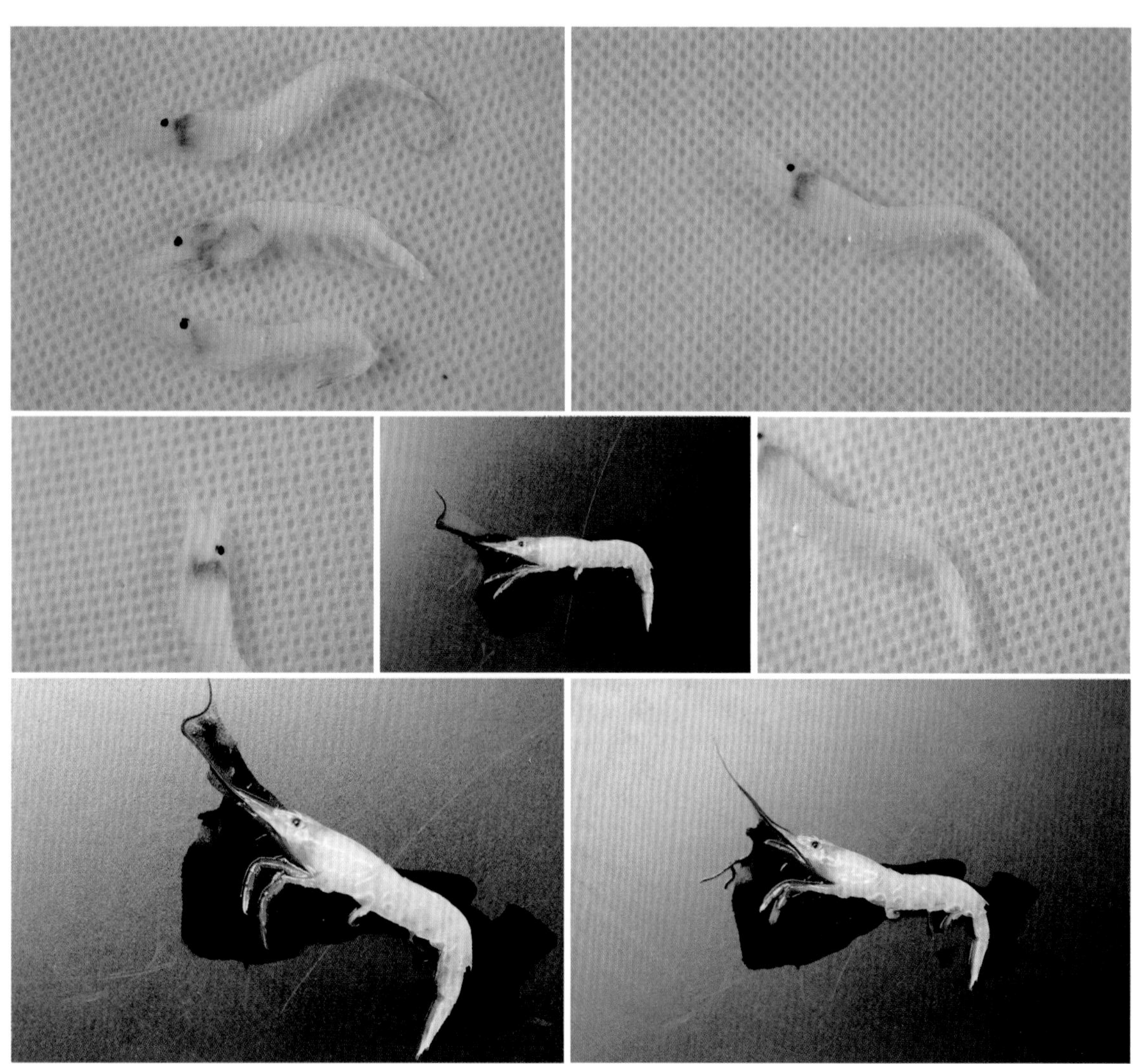

中文种名： 细螯虾

拉丁学名： *Leptochela gracilis*

分类地位： 节肢动物门 / 甲壳纲 / 十足目 / 玻璃虾科 / 细螯虾属

识别特征： 体透明，遍布稀疏的红色斑点，口器部分红色甚浓。额角短小侧扁，刺刀状，上、下缘均无齿。触角 2 对。头胸甲光滑无刺或脊。第 2 腹节侧甲覆盖部分第 1 腹节侧甲，第 4、第 5 节具背中央脊，第 6 节前缘背面隆起，形成横脊，两侧腹缘后部各具一大刺，前部具 2 根小刺。尾节平扁，背面凹沟两侧具 2 对活动刺，后侧角边缘具 5 对活动刺。3 对颚足。步足 5 对，前 2 对长，钳细长，掌、腕和长节腹缘具短刺，两指内缘具短刺毛，指末弯曲呈尖刺状，后 3 对指节细，末端圆形。腹肢具 5 对，雄性第 1 腹肢内肢宽大，长圆形，无内附肢，雌性第 1 腹肢内肢短而窄，具内附肢。尾肢 1 对。

主要分布： 渤海、黄海、东海、南海及朝鲜半岛、日本、新加坡海域。

照片来源： 拍摄样本采集于山东近岸渤海海洋保护区。

藻虾科 Hippolytidae

额角发达，大颚有臼齿部，其接触面周围环以梳状短毛，门齿部及触须有或无。第 3 颚足后部扁，常有数个硬刺。步足不具外肢，第 1 步足钳状，钳不特别粗大，第 2 步足细长，腕节由 2 小节、3 小节、7 小节或更多小节构成，钳小。腹部第 3、第 4 节间较屈曲。

我国发现 16 属 39 种，山东渤海海洋保护区海域发现 3 属 3 种。

长足七腕虾 *Heptacarpus futilirostris*

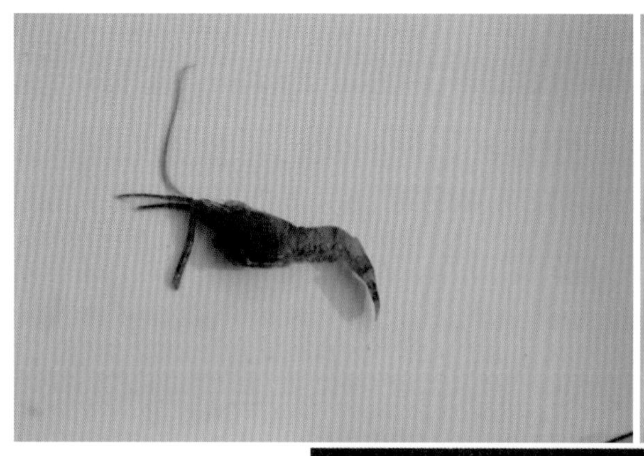

中文种名：长足七腕虾

拉丁学名：*Heptacarpus futilirostris*

分类地位：节肢动物门 / 甲壳纲 / 十足目 / 藻虾科 / 七腕虾属

识别特征：头胸甲具黄褐色、青绿色相间斜斑，腹部具纵斑。额角侧扁，稍短于头胸甲，末端稍向下斜，上、下缘均具齿，上缘具 4 ~ 7 枚齿，下缘末端 2 ~ 3 枚齿。触角 2 对。具触角刺和颊刺。第 2 腹节侧甲覆盖部分第 1 腹节侧甲。尾节细长，背面通常具 4 对活动小刺，末端尖呈钝齿状，两侧具 2 对活动刺。3 对颚足，第 3 颚足不具外肢，由 4 节构成，雄性特殊粗大，长度稍大于体长，雌性较小，约为体长的 1/2。步足 5 对，前 2 对螯状，第 1 步足雄性特强大，约等于体长，雌性较小，略小于体长的 1/2，第 2 步足细长，腕节由 7 节构成，钳小，后 3 对步足指节宽短，末端双爪状，长节和掌节均具活动小刺。尾肢宽，外肢外缘近末端具一裂缝，外侧角尖刺状，刺的内侧具一活动刺。

主要分布：渤海、黄海、东海及日本海域。

照片来源：拍摄样本采集于山东近岸渤海海洋保护区。

疣背深额虾 *Latreutes planirostris*

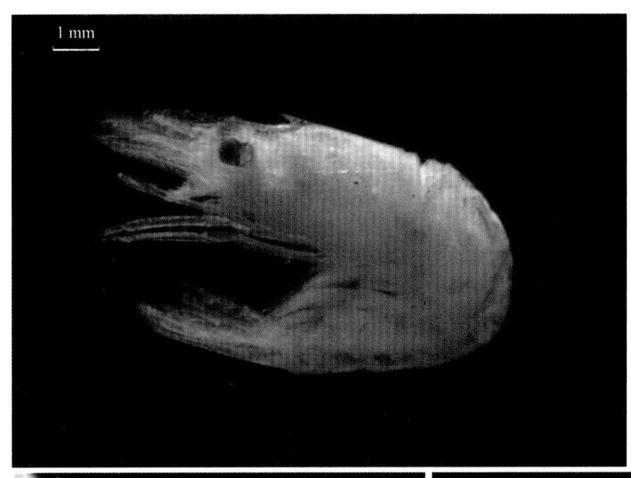

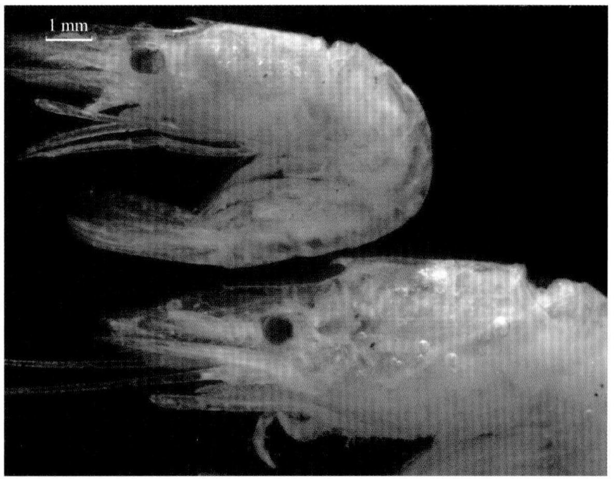

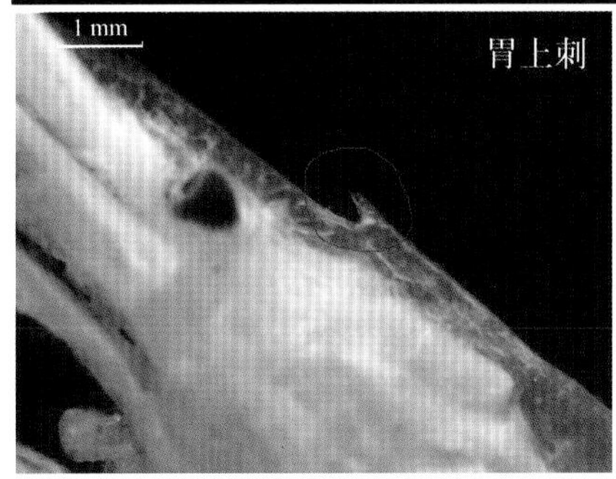

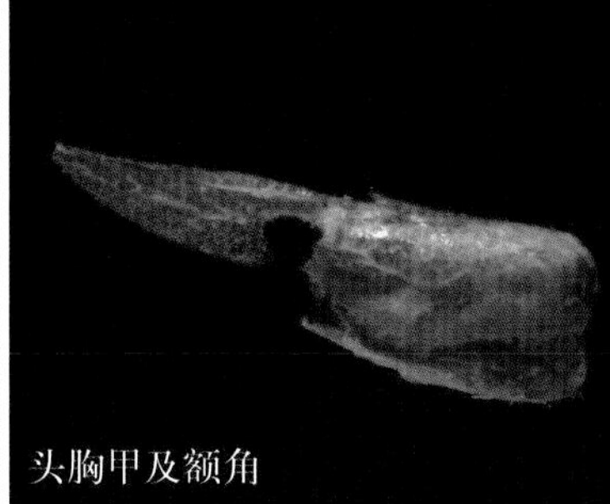

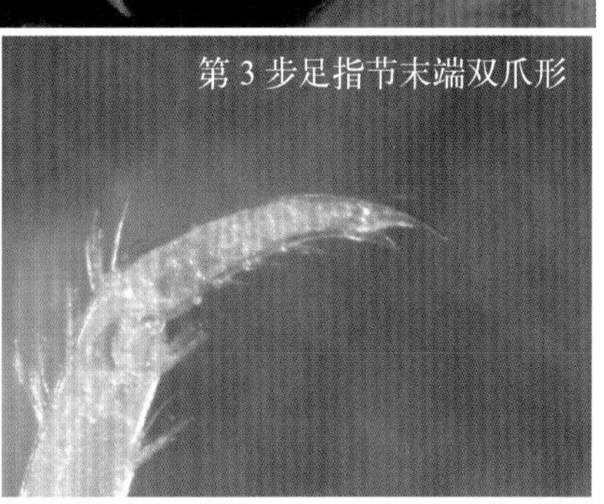

中文种名：疣背深额虾

拉丁学名：*Latreutes planirostris*

分类地位：节肢动物门 / 甲壳纲 / 十足目 / 藻虾科 / 深额虾属

识别特征：体棕红色与黑白色相间。额角侧扁，额角上、下缘宽，侧面略呈三角形，额角箭头状，雄性长而窄，雌性短而宽，上、下缘均具小齿，上缘具 7 ~ 15 枚齿，上缘末端具 2 ~ 3 枚小齿，下缘具 6 ~ 11 枚齿。触角 2 对。具触角刺和胃上刺，前侧角齿状，具 8 ~ 11 枚小齿，胃上刺极大，后方弯曲具脊，具明显疣状突起。腹部圆滑无脊，第 2 腹节侧甲覆盖部分第 1 腹节侧甲。尾节末端较宽，中央突出尖刺，两侧及背面各具 2 对活动刺。颚足 3 对。步足 5 对，前 2 对螯状，第 2 步足较第 1 步足细长，腕节由 3 节构成，第 3 对最长，雌性大于雄性，第 3 至第 5 对步足指节末端双爪状。腹肢具 5 对。尾肢 1 对，粗短。

主要分布：渤海、黄海及日本海域。

照片来源：拍摄样本采集于山东近岸渤海海洋保护区。

红条鞭腕虾 *Lysmata vittata*

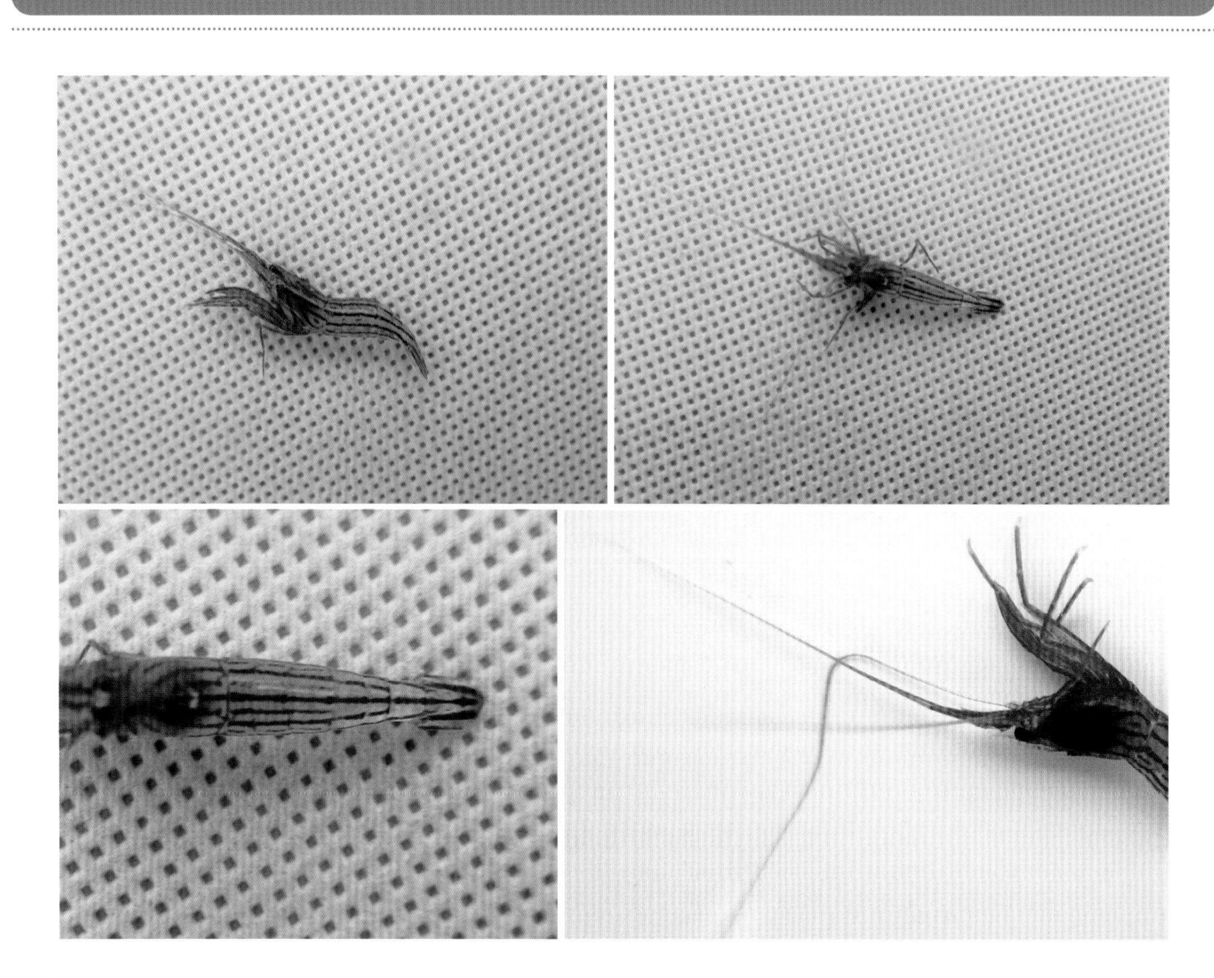

中文种名： 红条鞭腕虾

拉丁学名： *Lysmata vittata*

分类地位： 节肢动物门 / 甲壳纲 / 十足目 / 藻虾科 / 鞭腕虾属

识别特征： 体色鲜艳，具粗细相间的红色纵斑。额角短，后半部微向下斜，上、下缘均具齿，上缘具 7 ~ 8 枚齿，下缘具 3 ~ 5 枚齿。触角 2 对。具触角刺、颊刺和胃上刺。腹部圆滑无脊，第 2 腹节侧甲覆盖部分第 1 腹节侧甲。尾节基部宽，末端窄，中央形成一小尖刺，两侧及背面各具 2 对活动刺。颚足 3 对。步足 5 对，前 2 对螯状，第 2 步足较第 1 步足长，长节由 9 ~ 11 小节构成，腕节由 19 ~ 22 小节构成，鞭状，第 3 至第 5 对步足指节末端双爪状。腹肢具 5 对。尾肢 1 对，粗短。

主要分布： 渤海、黄海、东海、南海及日本、菲律宾、印度尼西亚、澳大利亚海域。

照片来源： 拍摄样本采集于山东近岸渤海海洋保护区。

美人虾科 Callianassidae

额角短小，不明显。头胸甲背面两侧各具鳃甲线 1 条，第 2 触角鳞片小。第 1 步足螯状，左右大小不等，第 2 步足螯状。第 3、第 4 步足简单，第 5 步足指节短小，与掌节突出刺形成小螯。第 3 至第 5 对腹肢宽，叶片状，具内附肢。尾肢无裂缝。

我国发现 5 属 13 种，山东渤海海洋保护区海域发现 1 属 2 种。

哈氏和美虾 *Nihonotrypaea harmandi*

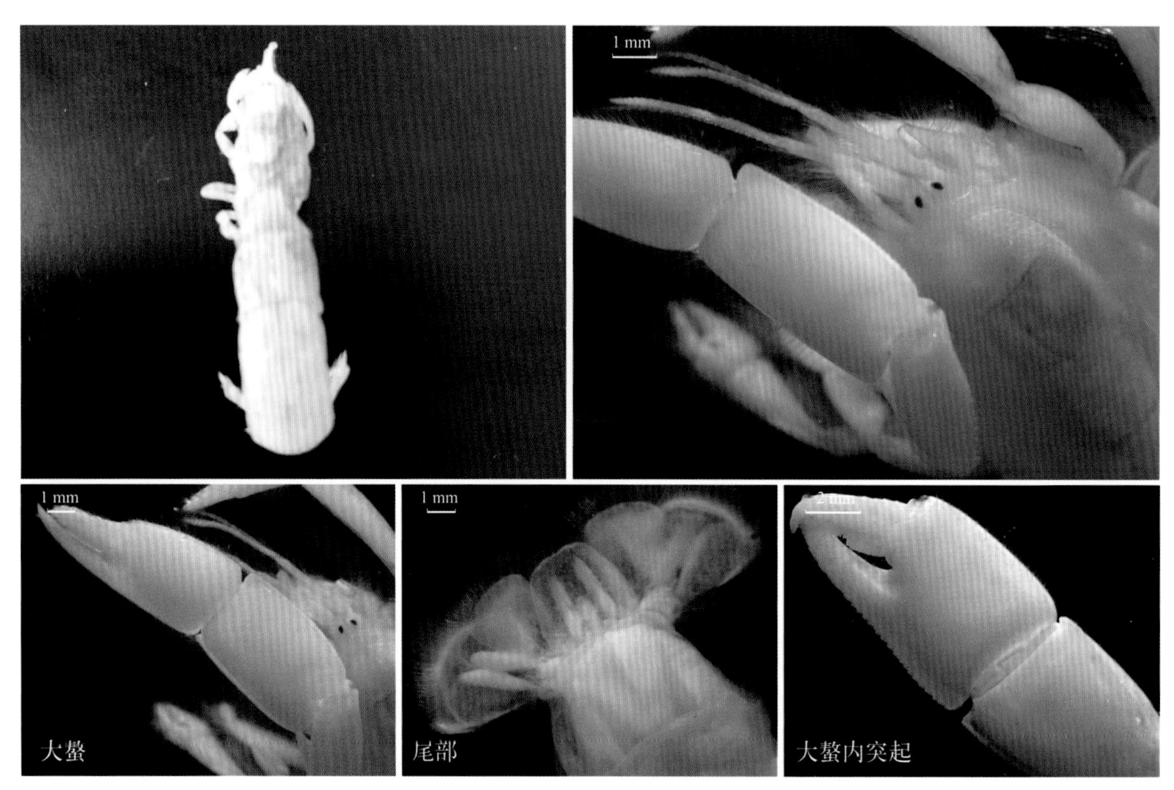

中文种名： 哈氏和美虾

拉丁学名： *Nihonotrypaea harmandi*

分类地位： 节肢动物门 / 甲壳纲 / 十足目 / 美人虾科 / 和美虾属

识别特征： 体无色透明，甲壳厚处白色。额角不明显，仅在两眼间形成宽三角形突起，末端圆形。头胸部稍侧扁。头胸甲宽而圆，颈沟极为明显，无刺。腹部扁平，腹节光滑，第 3 至第 5 节背面后侧角各具 1 簇细毛。尾节近圆形，后缘中央具 1 根小刺。步足 5 对，前 2 对钳状，第 1 对左右不对称，长节较宽，腹缘基部具一齿状突起，腕节极宽，长宽相等，掌节与腕节长度相近，大螯指节雌雄各异，雄性大螯不动指弯曲，基部具缺刻，可动指内缘具大小 2 个突起，雌性可动指内缘微凸，无突起；第 2 步足腕节基部细；第 3 步足掌节膨大呈卵圆形；第 4 步足掌节长方形；第 5 步足掌节细长，腹缘末端突出，粗刺状，指节极短小。第 1 对腹肢无内肢，雄性短小，共两节，小短棒状，雌性细长，基肢中部弯曲，无内肢；第 2 对腹肢雄性消失，雌性细长，基肢弯曲，具细长内肢；第 3 至第 5 对腹肢双枝形，附肢宽短。尾肢宽，外肢中部具一纵脊。

主要分布： 渤海、黄海及日本海域。

照片来源： 拍摄样本采集于山东近岸渤海海洋保护区。

日本和美虾 *Nihonotrypaea japonica*

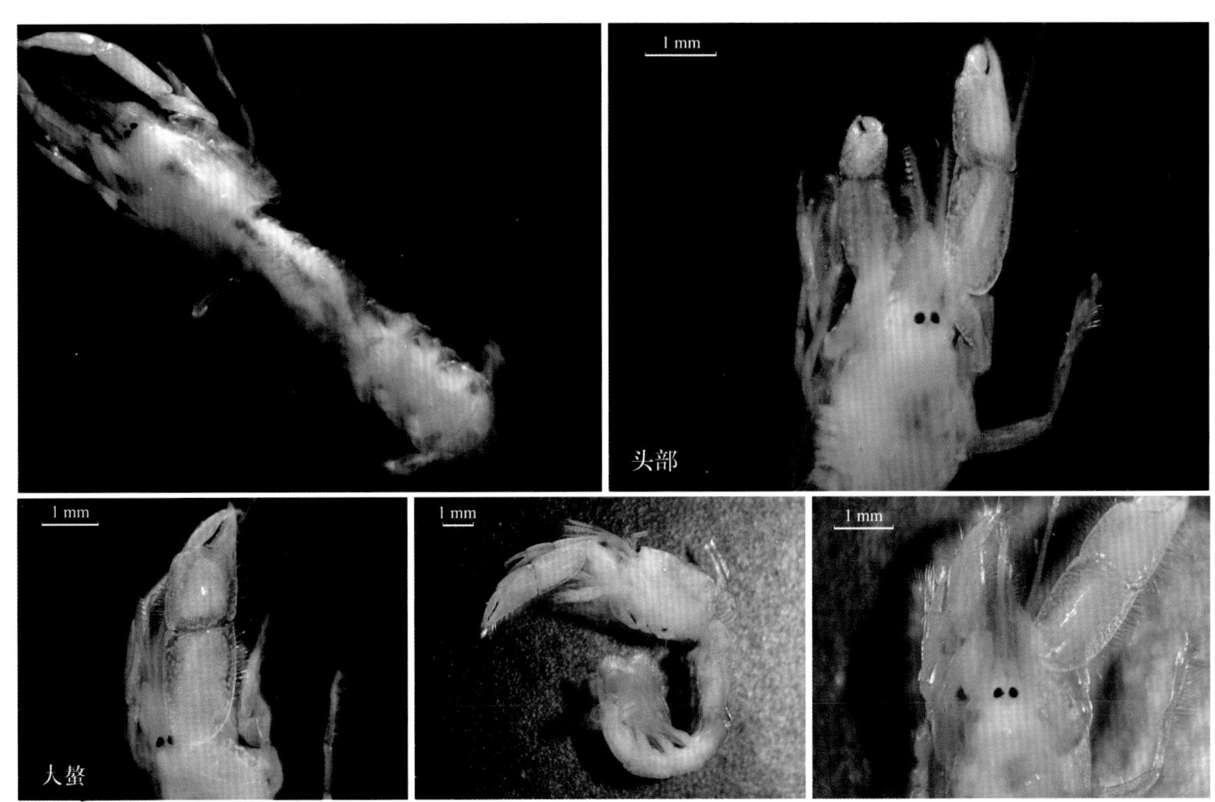

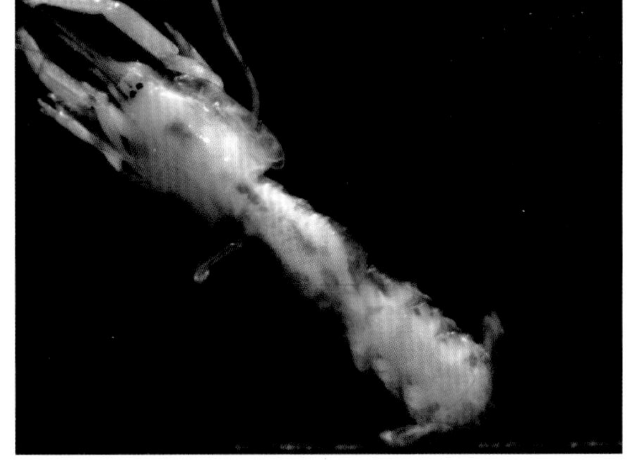

中文种名： 日本和美虾

拉丁学名： *Nihonotrypaea japonica*

分类地位： 节肢动物门 / 甲壳纲 / 十足目 / 美人虾科 / 和美虾属

识别特征： 体无色透明，甲壳厚处白色。额角不明显，仅在两眼间形成宽三角形突起，末端圆形。头胸部稍侧扁。头胸甲宽而圆，颈沟极明显，无刺。腹部扁平，腹部各节光滑，第 3 至第 5 节背面后侧角各具一簇细毛。尾节近圆形，后缘中央具一小刺。步足 5 对，前 2 对钳状，第 1 对左右不对称，长节较宽，其腹缘基部具一齿状突起，腕节极宽，掌节短于腕节，大螯指节雌雄各异，雄性大螯不动指甚弯曲，基部具缺刻，可动指内缘基部稍凸，无突起，雌性可动指内缘微凸，无突起；第 2 步足腕节基部细；第 3 步足掌节膨大呈卵圆形；第 4 步足掌节长方形；第 5 步足掌节细长，腹缘末端突出，粗刺状，指节短小。第 1 对腹肢无内肢，雄性短小，共两节，小短棒状，雌性细长，基肢中部弯曲，无内肢；第 2 对腹肢雄性消失，雌性细长，基肢弯曲，具细长内肢；第 3 至第 5 对腹肢双枝形，附肢宽短。尾肢甚宽，外肢中部具一纵脊。

主要分布： 渤海、黄海、东海及日本海域。

照片来源： 拍摄样本采集于山东近岸渤海海洋保护区。

蝼蛄虾科 Upogebiidae

额角明显，头胸甲背面两侧具鳃甲线。第 2 触角具鳞片。第 3 步足棒状，不特别宽大。第 1 对步足左右大小相等，钳状或简单。第 2 至第 4 步足简单。第 5 步足略呈钳状。雄性不具第 1 腹肢，雌性第 1 腹肢单枝形。第 2 至第 5 对腹肢叶片状，不具内附肢。腹肢上无鳃丝。尾肢内外肢均无裂缝。

我国发现 2 属 14 种，山东渤海海洋保护区海域发现 1 属 2 种。

大蝼蛄虾 *Upogebia major*

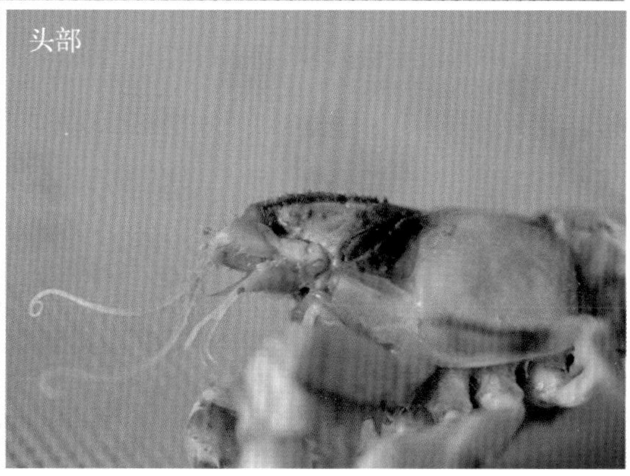

中文种名： 大蝼蛄虾

拉丁学名： *Upogebia major*

分类地位： 节肢动物门 / 甲壳纲 / 十足目 / 蝼蛄虾科 / 蝼蛄虾属

识别特征： 体背面浅棕蓝色，腹面白色。额区向前伸出 3 叶突起，额角（中叶）较大，三角形，末端稍圆，侧叶短小，与额角之间具深沟。头胸甲具明显的中央沟和侧沟，隆起面上具小颗粒状突起，额区突起较大，周围具密毛，颈沟后方光滑无毛无突起，腹缘光滑无刺，前侧缘眼柄基部上方具一尖刺。腹节背面两侧各有弯曲沟，第 3 至第 5 节侧甲上具短毛。尾节长方形。步足 5 对，第 1 对半钳状，左右对称，腕节外背缘具小刺 1 排，掌节背缘内、外各具 1 排小刺，不动指粗短而尖；第 2 步足与第 1 步足相似，但不呈钳状；第 3 至第 5 对步足细长。雄性不具第 1 腹肢，雌性第 1 腹肢单枝，细小，第 2 至第 5 对腹肢双枝，不具内附肢。尾肢内外肢宽，基肢末端具一尖刺。

主要分布： 渤海、黄海及俄罗斯、朝鲜半岛、日本海域。

照片来源： 拍摄样本采集于山东近岸渤海海洋保护区。

伍氏蝼蛄虾 *Upogebia wuhsienweni*

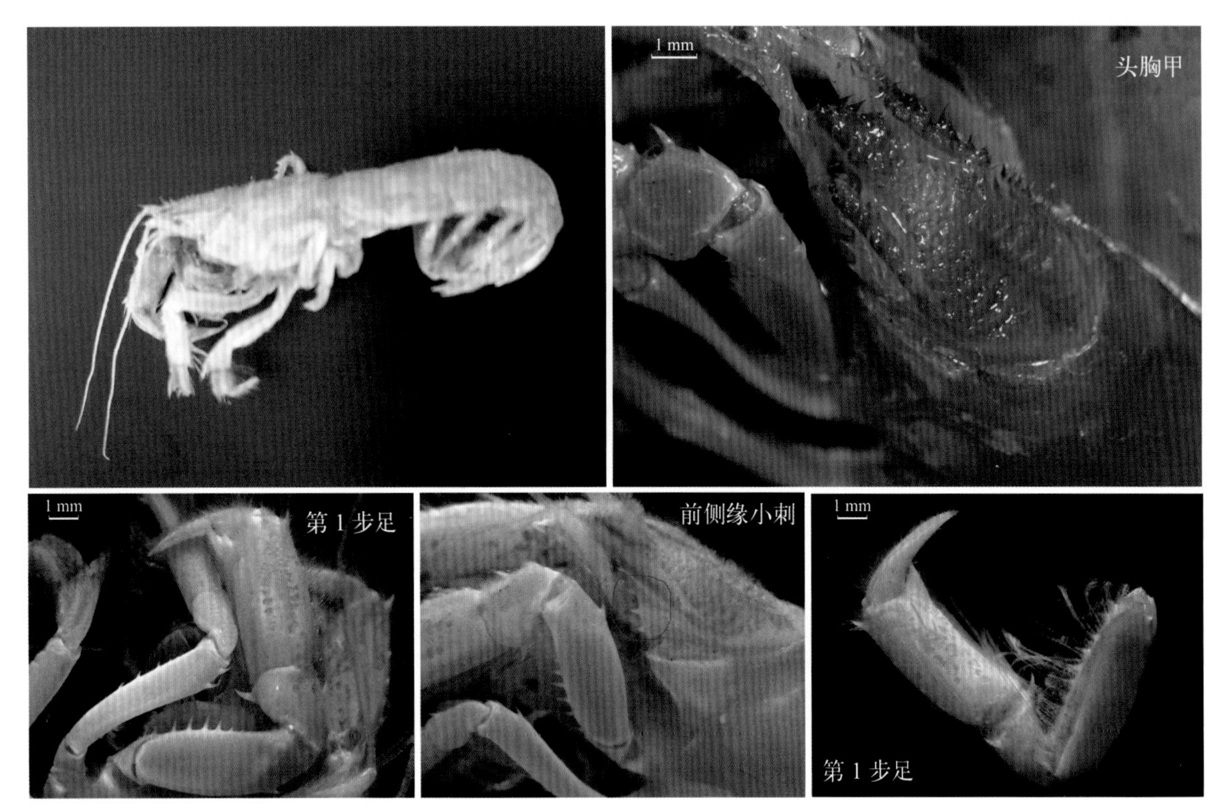

中文种名： 伍氏蝼蛄虾

拉丁学名： *Upogebia wuhsienweni*

分类地位： 节肢动物门 / 甲壳纲 / 十足目 / 蝼蛄虾科 / 蝼蛄虾属

识别特征： 体背面浅棕蓝色，腹面白色。额区向前伸出 3 叶突起，额角（中叶）较大，三角形，末端稍圆，侧叶短小，与额角之间具深沟。头胸甲具明显中央沟和侧沟，隆起上具小颗粒状突起，额区突起较大，周围具密毛，颈沟后方光滑无毛无突起，头胸甲腹缘具 2 ～ 4 个小刺，前侧缘自眼柄基部向后具 4 ～ 5 个尖刺。腹节背面两侧各具弯曲沟，第 3 至第 5 节侧甲上具短毛。尾节长方形。步足 5 对，第 1 对半钳状，左右对称，腕节外背缘中部具一小刺，掌节背缘具 1 排小刺，不动指粗短而尖；第 2 步足与第 1 步足相似，但不呈钳状；第 3 至第 5 对步足细长。雄性不具第 1 腹肢，雌性第 1 腹肢单枝，甚细小，第 2 至第 5 对腹肢双枝，不具内附肢。尾肢内外肢宽，基肢末端具一尖刺。

主要分布： 渤海、黄海、东海、南海及日本海域。

照片来源： 拍摄样本采集于山东近岸渤海海洋保护区。

黎明蟹科 Matutidae

头胸甲圆形，前侧缘和后侧缘相接处具强壮刺。额与眼窝等宽。第 3 颚足长节锐三角形，完全遮盖口腔，静止时须被长节掩盖。螯足粗大，掌部大，遮盖颊区。步足游泳型。雄性腹部第 3 至第 5 节愈合，鳃 9 对。雄性生殖孔位于第 4 步足基节。

我国发现 3 属 6 种，山东渤海海洋保护区海域发现 1 属 1 种。

红线黎明蟹 *Matuta planipes*

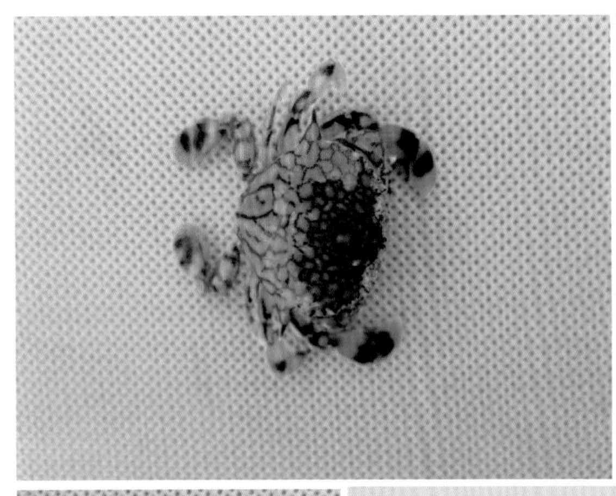

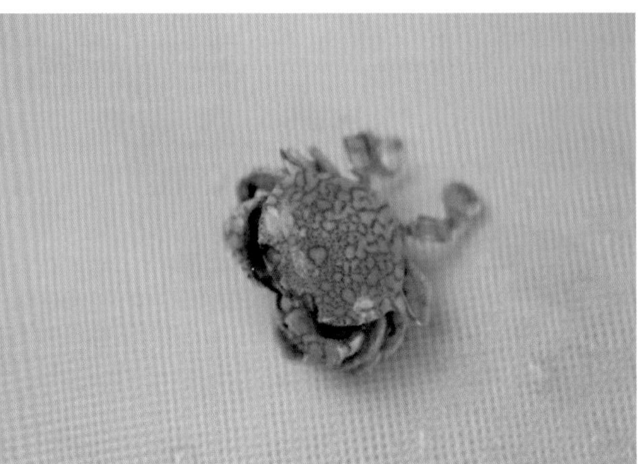

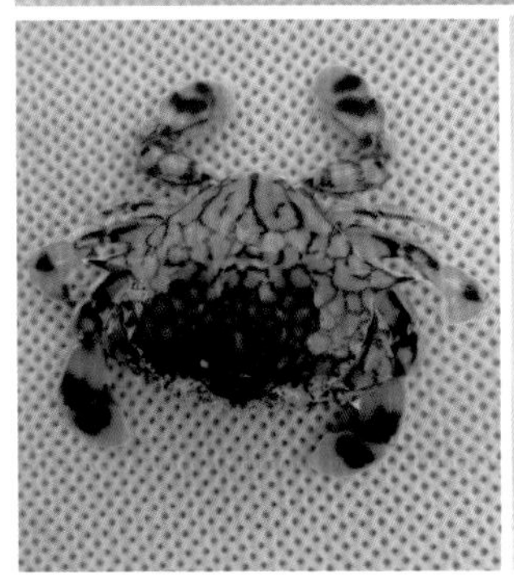

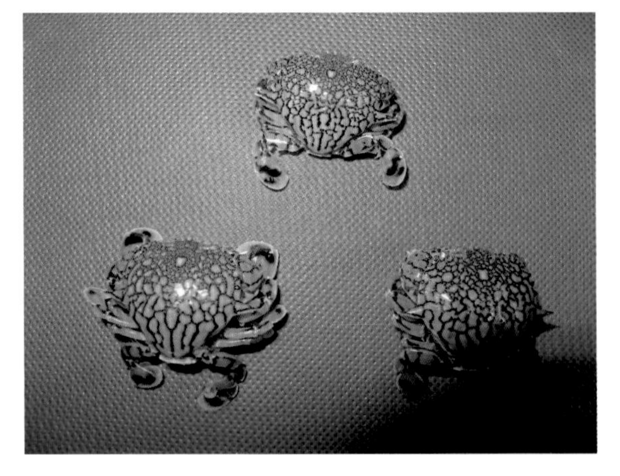

中文种名： 红线黎明蟹

拉丁学名： *Matuta planipes*

分类地位： 节肢动物门 / 甲壳纲 / 十足目 / 黎明蟹科 / 黎明蟹属

识别特征： 体背面浅黄绿色，头胸甲表面具红色斑点线，红线前半部形成不明显圆环，后半部为狭长纵行圈。头胸甲近圆形，背面中部有 6 列小突起，表面有细颗粒。额稍宽于眼窝，中部突出，前缘有一 V 形缺刻分成 2 小齿，前侧缘具不等大小齿，侧齿壮，末端尖。螯足粗壮，对称，长节三棱形，内、外侧光滑，有绒毛，后腹缘有 1 列小突起，腕节外侧具不明显突起，掌节前缘有 5 枚齿，外侧上部具两纵列 7 枚突起，下部具一斜脊延伸到不动指，近基部具 1 枚锐刺及 1 枚钝齿，近后缘基部有一锐刺，腹后缘有 1 列 7 小齿及短绒毛，两指内缘有钝齿，可动指外侧面除末端外具 1 条刻纹磨脊。前 3 对步足长节后缘具齿，末对步足桨状，长节后缘无齿，边缘有密毛。雄性腹部锐三角形，雌性腹部长卵圆形。雄性第 1 腹肢钝圆，具小齿及羽状毛，第 2 腹肢瘦长，末端足形。

主要分布： 渤海、黄海、东海、南海及朝鲜半岛、日本、澳大利亚、印度尼西亚、新加坡、越南、泰国、印度、伊朗湾、南非等印度—太平洋海域。

照片来源： 拍摄样本采集于山东近岸渤海海洋保护区。

关公蟹科 Dorippidae

头胸甲近方形或圆形，前 3 个腹节外露。前 2 对步足长而粗壮，末 2 对短小，位于背面，亚螯状。第 2 触角大，雄性生殖孔位于末对步足底节；雌性生殖孔位于步足底节或腹甲。

我国发现 6 属 11 种，山东渤海海洋保护区海域发现 2 属 2 种。

日本拟平家蟹 *Heikeopsis japonicus*

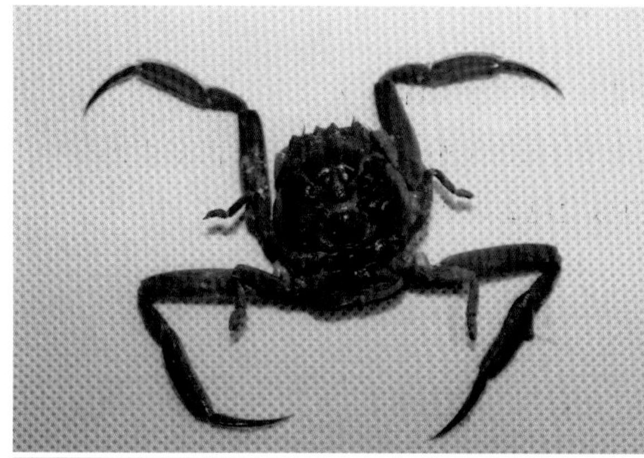

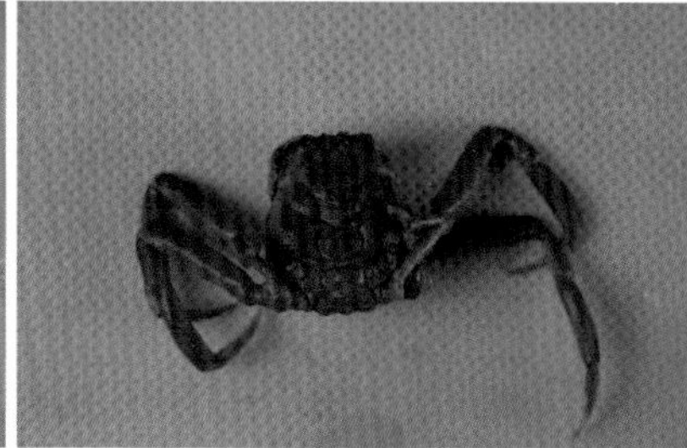

中文种名： 日本拟平家蟹

拉丁学名： *Heikeopsis japonicus*

分类地位： 节肢动物门 / 甲壳纲 / 十足目 / 关公蟹科 / 拟平家蟹属

识别特征： 体背面赤褐色，具大疣状突和纵沟。头胸甲宽稍大于长，中等隆起，前宽后窄，表面光滑，密覆短毛。肝区较凹。前鳃区周围具深沟，中、后鳃区隆起。中胃区两侧各具一深斑点状凹陷及细沟。尾胃区小而明显。心区凸，前缘具一 V 形缺刻。额窄，由一 V 形缺刻分成 2 齿，具内、外眼窝齿，内眼窝齿钝，外眼窝齿三角形。螯足小，雌性对称，雄性一侧掌节膨大，长节三棱形，略弯曲。前 2 对步足瘦长，长节边缘具细颗粒和短毛，腕节前缘近末端具毛，后 2 对步足短小，位于背面，具短绒毛。腹部 5 节，雄性三角形，雌性长卵圆形。两侧具纵沟。尾节钝三角形。

主要分布： 渤海、黄海、东海、南海及朝鲜半岛、日本、越南海域。

照片来源： 拍摄样本采集于山东近岸渤海海洋保护区。

颗粒拟关公蟹 *Paradorippe granulata*

中文种名： 颗粒拟关公蟹

拉丁学名： *Paradorippe granulata*

分类地位： 节肢动物门 / 甲壳纲 / 十足目 / 关公蟹科 / 拟关公蟹属

识别特征： 体背面淡红色，腹面白色，除指节外全身均具密集颗粒，背面粗颗粒尤以鳃区稠密。各区隆起低，沟浅，不具颗粒。头胸甲宽稍大于长，前窄后宽。鳃区向两侧扩展，分区明显。额稍突出，密具软毛，前缘凹陷，分为 2 个三角形齿，内眼窝齿钝，外眼窝齿锐长。螯足小，雌性等称，雄性常不对称，背缘及外侧上部有颗粒，边缘具长毛，内侧光滑无颗粒，具短绒毛，不动指短，两指内缘具钝齿。前 2 对步足瘦长，长节和腕节具粗颗粒和短毛，后 2 对步足短小，位于背面。腹部 7 节，表面具颗粒和刚毛，雄性三角形，雌性长卵圆形，第 6 节前缘凹，两侧弧形。尾节近三角形。雄性第 1 腹肢基部粗壮，近中部突然收缩，末部膨胀，钝圆形，具几丁质突起，中央 1 枚突起较长，形如榔头，近末端两枚突起，形如指状或叶状。

主要分布： 渤海、黄海、东海、南海及俄罗斯、朝鲜半岛、日本海域。

照片来源： 拍摄样本采集于山东近岸渤海海洋保护区。

宽背蟹科 Euryplacidae

头胸甲方形或梯形，额部在第 2 触角基节处分出一小叶与内眼窝缘隔开。雄性腹部 7 节，第 4 至第 7 节细长，且逐渐趋窄。雄性第 1 附肢细长，末端均匀分布有小刺，第 2 附肢短小。

我国发现 2 属 8 种，山东渤海海洋保护区海域发现 1 属 1 种。

隆线强蟹 *Eucrate crenata*

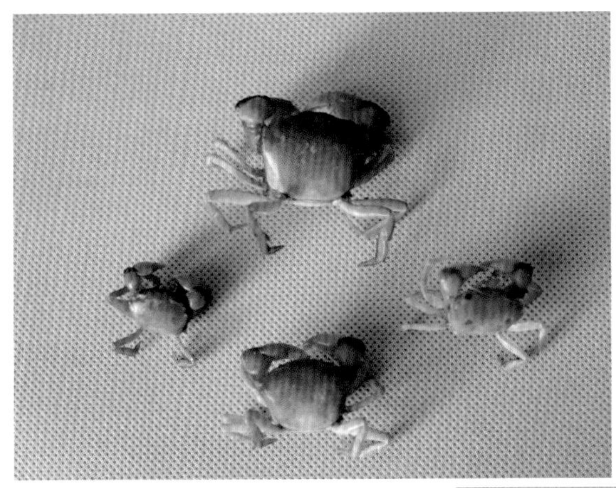

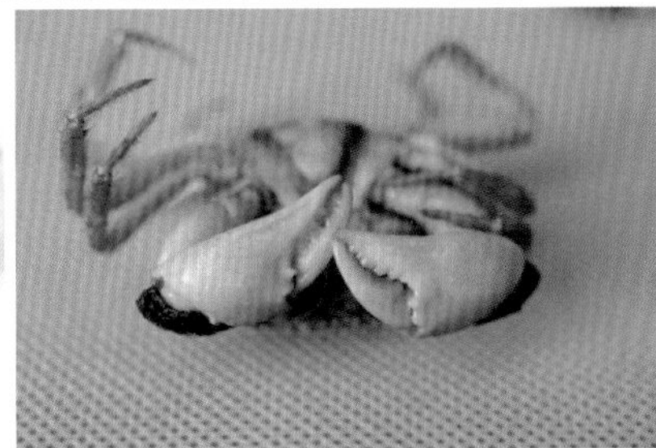

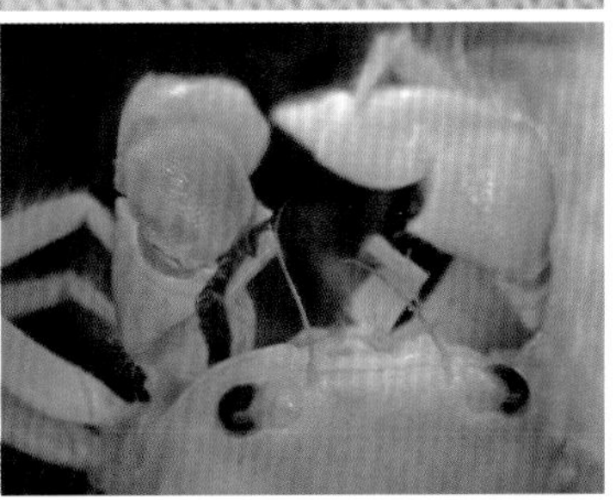

中文种名： 隆线强蟹

拉丁学名： *Eucrate crenata*

分类地位： 节肢动物门 / 甲壳纲 / 十足目 / 宽背蟹科 / 强蟹属

识别特征： 体背面橘黄色，具红色小斑点，螯足掌节具斑点。头胸甲近方形，前宽后窄，表面隆起，光滑，具细小颗粒。额分为明显两叶，前缘横切，中有缺刻。眼窝大，内眼窝齿锐下弯，外眼窝齿钝三角形，前侧缘较后侧缘短，稍拱，具 3 齿。螯足光滑，右螯大于左螯，长节光滑，腕节隆起，背面后部具一丛绒毛，指节较掌节长，两指间空隙大。步足光滑，长节前缘具颗粒，覆短毛，其他各节也具短毛。雄性腹部呈锐三角形，雌性腹部呈宽三角形。

主要分布： 黄海、渤海、东海、南海及朝鲜、日本、泰国、印度等印度—太平洋海域。

照片来源： 拍摄样本采集于山东近岸渤海海洋保护区。

长脚蟹科 Goneplacidae

头胸甲近方形。眼窝完整。第 3 颚足腕节位于或靠近长节内末角。第 1 触角斜折或横折，雄性生殖孔位于腹甲。

我国发现 5 属 24 种，山东渤海海洋保护区海域共发现 1 属 1 种。

泥脚隆背蟹 *Carcinoplax vestita*

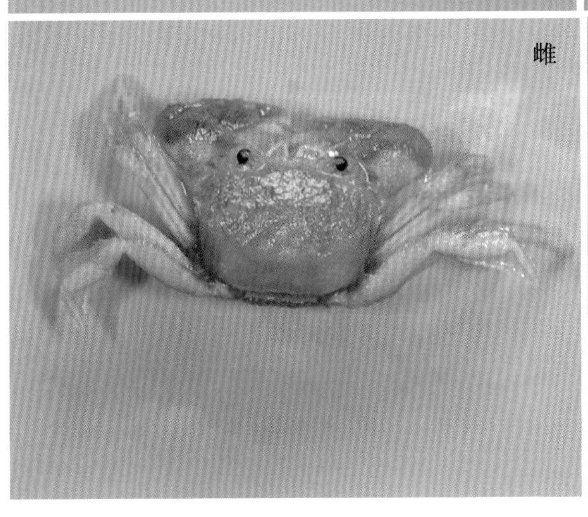

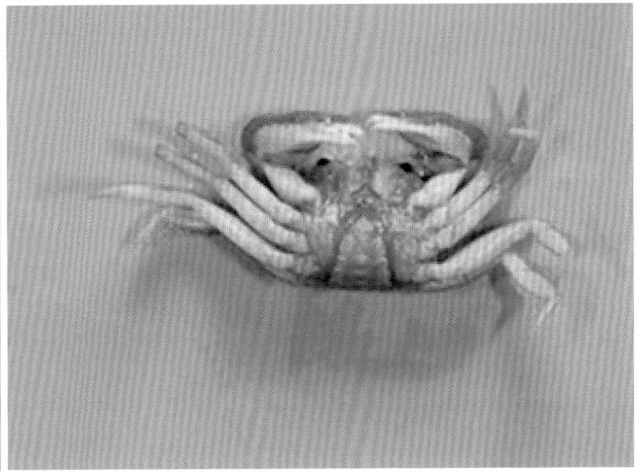

中文种名： 泥脚隆背蟹

拉丁学名： *Carcinoplax vestita*

分类地位： 节肢动物门 / 甲壳纲 / 十足目 / 长脚蟹科 / 隆背蟹属

识别特征： 体背面灰褐色，覆有绒毛。头胸甲宽大于长，表面前后隆起，覆有厚密绒毛。额宽，向前下方稍倾斜。眼窝背缘具微细颗粒，外眼窝齿钝，腹缘具粗糙颗粒，内眼窝齿圆钝而不突，前侧缘较后侧缘短，具2小齿，后侧缘直。螯足不对称，长节棱柱形，腕节内、外末角各具一刺状齿，掌节扁平，外侧面密具短毛，内侧面光秃，中部隆起，背腹缘均具较粗颗粒，指端尖锐，指间距窄，内缘具齿，可动指外侧面基半部密具短毛。步足细长，密具短毛，腕节前缘末端角状突出。雄性腹部呈三角形，雌性腹部呈长卵圆形。

主要分布： 渤海、黄海、东海及日本海域。

照片来源： 拍摄样本采集于山东近岸渤海海洋保护区。

玉蟹科 Leucosiidae

头胸甲圆形、卵圆形或五角形。眼窝及眼皆小。额窄。第1触角斜折；第2触角小，有时退化。第3颚足完全封闭于口腔。入鳃水孔位于第3颚足基部。螯足对称。腹部第3至第6节一般愈合，有时第6节分开。雄性生殖孔位于腹甲。雄性第2腹肢短。

我国发现32属101种，山东渤海海洋保护区海域发现本科2属2种。

十一刺栗壳蟹 *Arcania undecimspinosa*

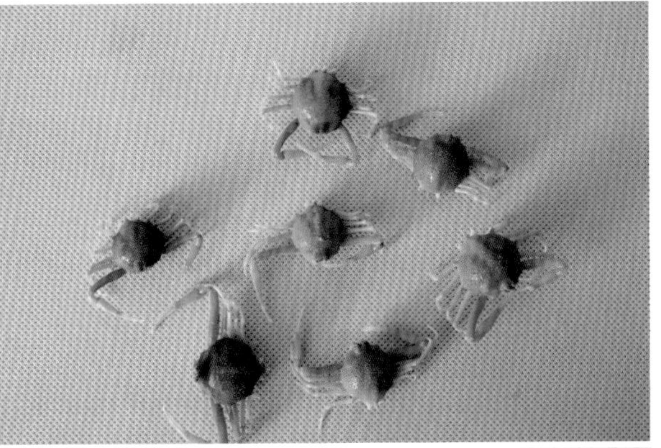

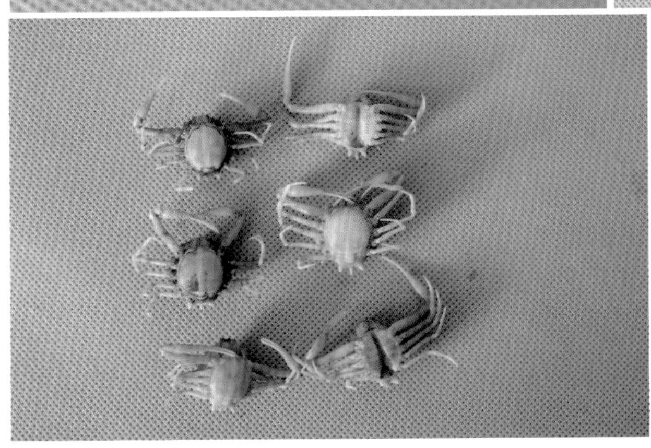

中文种名： 十一刺栗壳蟹

拉丁学名： *Arcania undecimspinosa*

分类地位： 节肢动物门 / 甲壳纲 / 十足目 / 玉蟹科 / 栗壳蟹属

识别特征： 背面栗色。头胸甲近圆形，长稍大于宽，背面隆起，密具锐颗粒。肝区隆起，与鳃之间有 1 条纵沟，向后延伸至肠逗两侧。前胃区与肝区、心区与肠区之间有沟相隔。肠区隆起，具两刺，前后排列，前小，后大，位于后缘中央。侧缘与后缘（包括肠区刺在内）各具 11 根刺，刺表面及边缘具小齿或颗粒。额缘中央有一 V 形缺刻，分成两个呈锐三角形齿，齿面密具细小泡状颗粒。眼大，圆形，近内侧具一小齿，锐齿之间上方具 1 枚下眼窝刺。螯足瘦长，长节圆柱形，微弯，密布颗粒，边缘颗粒尖锐，指节纤细，垂直张开，两指内缘具细齿。步足细长，各节均具细颗粒，指节边缘具短刚毛。腹部及胸部腹甲密具尖颗粒，雄性腹部三角形，密具细尖颗粒，雌性腹部圆形。雄性第 1 腹肢细长，微弯，基部宽，末端趋窄，后部具细颗粒和长刚毛。

主要分布： 渤海、黄海、东海、南海及日本、韩国、澳大利亚、泰国、印度、塞舌尔群岛等印度—太平洋海域。

照片来源： 拍摄样本采集于山东近岸渤海海洋保护区。

豆形拳蟹 *Philyra pisum*

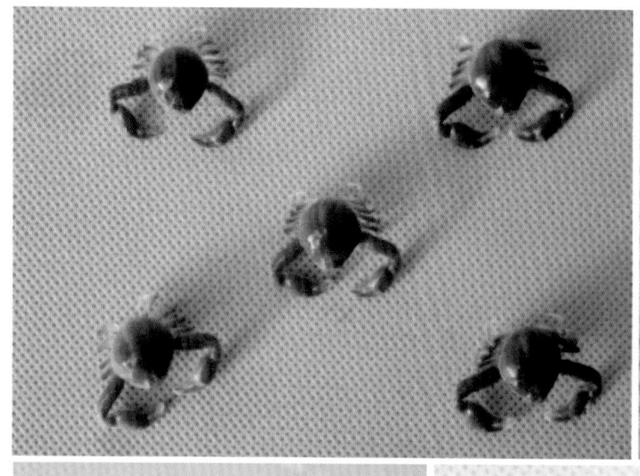

中文种名： 豆形拳蟹

拉丁学名： *Philyra pisum*

分类地位： 节肢动物门 / 甲壳纲 / 十足目 / 玉蟹科 / 拳蟹属

识别特征： 体背面灰绿色，间杂黄色，螯足及步足淡红色。头胸甲圆形，长稍大于宽，背面中部隆起，有浅沟。肝区斜面显著，侧缘有细颗粒。胃区、心区及鳃区均有颗粒群，颗粒较大或不明显，体背部后1/3光滑。额短，前缘中部稍凹，背面可见口前板及口腔末端，两侧角稍突出。螯足粗壮，雄性较雌性长，长节圆柱形，背面近中线有颗粒脊，近边缘密具细颗粒，两指内缘具小齿。步足瘦小，光滑，长节圆柱形，掌节前缘具光滑隆脊，后缘具细颗粒，指节披针状。腹部密具细颗粒，雄性腹部呈锐三角形，雌性腹部呈长卵圆形。雄性第1腹肢棒状，未端具一长指状突起，指向外上方，外侧有刚毛。

主要分布： 渤海、黄海、东海、南海及朝鲜、日本、印度尼西亚、菲律宾、新加坡等太平洋海域。

照片来源： 拍摄样本采集于山东近岸渤海海洋保护区。

突眼蟹科 Oregoniidae

甲壳较硬，头胸甲前部窄，通常向前突出形成额角，近似三角形或梨形。第 2 触角基节发达，常与口前板和额部愈合。眼窝一般不完整。螯足大于步足，具钩状毛。雄性生殖孔开口于步足底节。雄性腹部末端宽，尾节近方形，基部深嵌入第 6 节。雄性第 1 腹肢有纵沟，沟的两侧具丝。

我国发现 2 属 3 种，山东渤海海洋保护区海域发现 1 属 1 种。

枯瘦突眼蟹 *Oregonia gracilis*

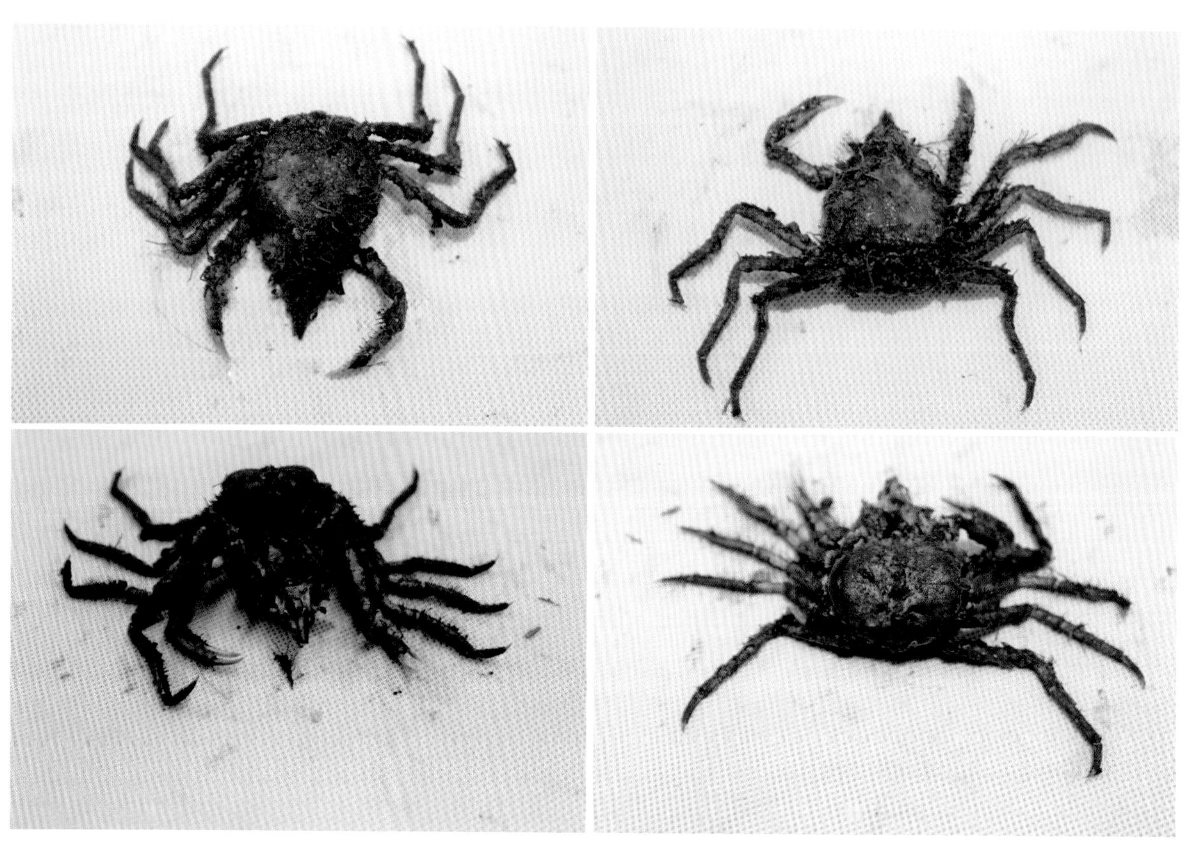

中文种名： 枯瘦突眼蟹

拉丁学名： *Oregonia gracilis*

分类地位： 节肢动物门 / 甲壳纲 / 十足目 / 突眼蟹科 / 突眼蟹属

识别特征： 体浅灰褐色。头胸甲近三角形，背面隆起，具不定型的疣状突起，覆有弯曲刚毛。胃区、鳃区及心区均隆起。后胃区凹陷。下肝区突出，半球形，具疣状突起。额突出，具 2 根细长而并行的角状刺，末端左右分开。上眼窝缘斜向后侧方，后端具 2 突起，后眼窝刺长且锐，眼柄伸出。雄性螯足较步足长，雌性较步足短，长节、腕节及掌节背缘均具疣状突起，可动指内缘基部具一钝齿，不动指基部具一小齿，或无。步足圆柱形，具软毛。腹部 7 节，雄性腹部沿中线隆起，雌性腹部大，覆盖整个胸甲。

主要分布： 渤海、黄海及朝鲜半岛、日本等北太平洋海域。

照片来源： 拍摄样本采集于山东近岸渤海海洋保护区。

卧蜘蛛蟹科 Epialtidae

体躯钙化，甲壳较硬，头胸甲一般呈梨形。第 2 触角基节发达，常与口前板和额部愈合。眼窝一般不完整。螯足一般较步足大而活动力弱，有钩状毛。无真正眼窝。第 2 触角基节呈直三角形。有眼后齿，尖而不呈杯状。雄性生殖孔在步足底节。雄性腹部末端不变宽；尾节近三角形；局部不嵌入至第 6 节。

我国发现 20 属 52 种，山东渤海海洋保护区海域发现 1 属 1 种。

四齿矶蟹 *Pugettia quadridens*

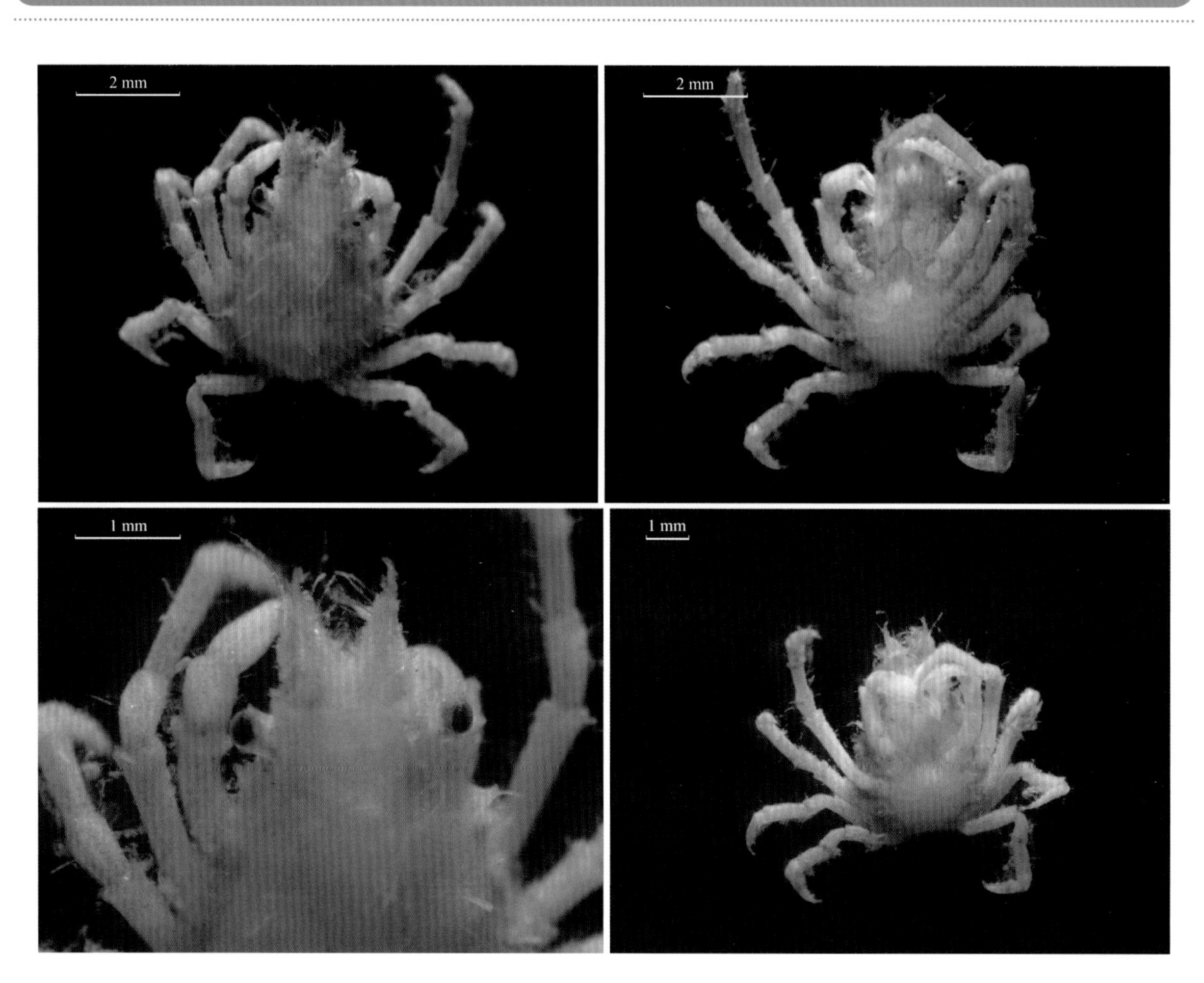

中文种名： 四齿矶蟹

拉丁学名： *Pugettia quadridens*

分类地位： 节肢动物门 / 甲壳纲 / 十足目 / 卧蜘蛛蟹科 / 矶蟹属

识别特征： 体黑褐色。头胸甲近三角形，表面密布短绒毛，并具大头棒刚毛。肝区边缘向前后各伸出一齿，与后眼窝齿以凹陷相隔。侧胃区具 1 列斜行弯刚毛，中胃区甚凸，具 2 个疣状突起，前后排列。心区、肠区甚隆，球状，无疣状突起。额突起，具 2 根 V 形角状锐刺，内缘具长刚毛，背面覆有弯曲刚毛。前侧缘具 4 齿。螯足对称，雄性较雌性大，长节近长方形，背缘具 6 个覆有刚毛的疣状突起，腹缘 3 个突起。步足具软毛，腕节背面具一凹陷，前节及指节圆柱形。腹部 7 节，雄性腹部沿中线隆起，雌性腹部大，覆盖整个胸甲。

主要分布： 渤海、黄海、东海、南海及朝鲜半岛、日本海域。

照片来源： 拍摄样本采集于山东近岸渤海海洋保护区。

虎头蟹科 Orithyidae

头胸甲卵圆形，长度大于宽度，侧缘中部具两刺，额与眼窝等宽。第 2 颚足外肢无鞭，外眼窝刺明显。前 3 对步足适于步行，末对步足游泳型。入鳃水孔位于螯足基部前方。雄性生殖孔位于末对步足底节上。

我国发现 1 属 1 种，山东渤海海洋保护区海域发现 1 属 1 种。

中华虎头蟹 *Orithyia sinica*

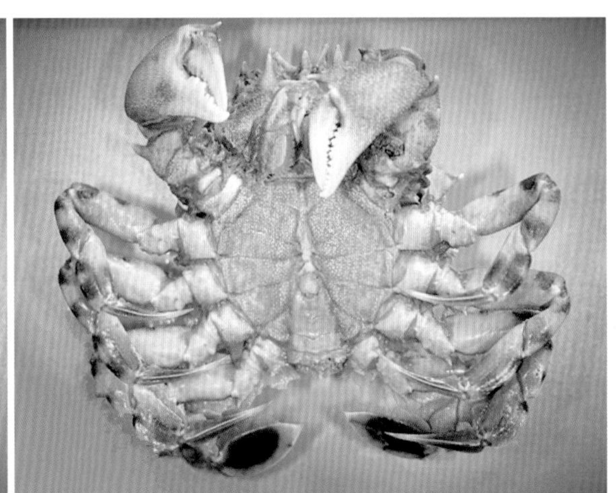

中文种名： 中华虎头蟹

拉丁学名： *Orithyia sinica*

分类地位： 节肢动物门 / 甲壳纲 / 十足目 / 虎头蟹科 / 虎头蟹属

识别特征： 体褐黄色，鳃区具 1 枚紫红色乳斑，各区均有对称庞状突起，约 14 枚。头胸甲长卵圆形，长大于宽，背面隆起，密布粗颗粒，后部颗粒较细。额具 3 枚锐齿。眼窝大、深凹，上眼窝缘具 2 枚钝齿和颗粒，外眼窝齿较大，内眼窝齿粗壮。前侧缘有 2 个疣状突起，后侧缘具 3 根刺。螯足不对称，长节内缘末端具 1 根刺，背缘、外缘近末端各具 1 根刺，腕节内缘有 3 枚齿，中齿锐长，两指内缘有钝齿，基半部齿粗大。步足细长，第 4 对桨状，末两节宽扁，指节卵圆形。腹部 7 节，第 1 至第 3 节具 4 个突起，突起之间有粗颗粒。雄性腹部呈三角形，雌性腹部呈卵圆形。雄性第 1 腹肢粗壮，末端具小齿。

主要分布： 渤海、黄海、东海、南海及朝鲜半岛海域。

照片来源： 拍摄样本采集于山东近岸渤海海洋保护区。

梭子蟹科 Portunidae

胸甲扁平或稍隆起，宽大于长，前侧缘末齿之间最宽。额宽，一般分齿或叶。第 4 对步足除少数种外，都适于游泳。第 1 颚足内肢的内角有一小叶。第 1 触角斜折或横折。雄性生殖孔位于步足底节。

我国发现 16 属 116 种，山东渤海海洋保护区海域发现 2 属 3 种。

三疣梭子蟹 *Portunus trituberculatus*

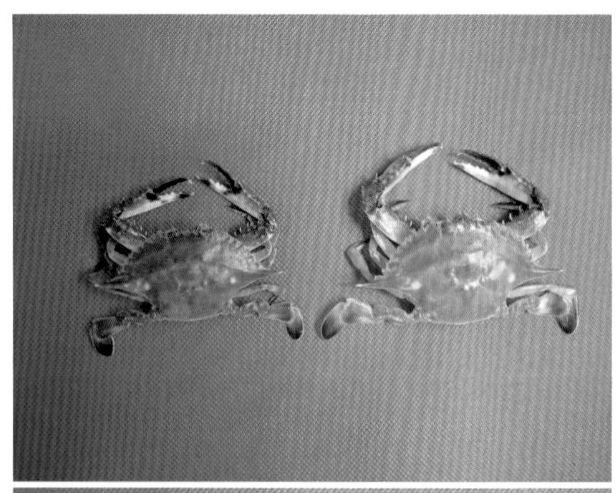

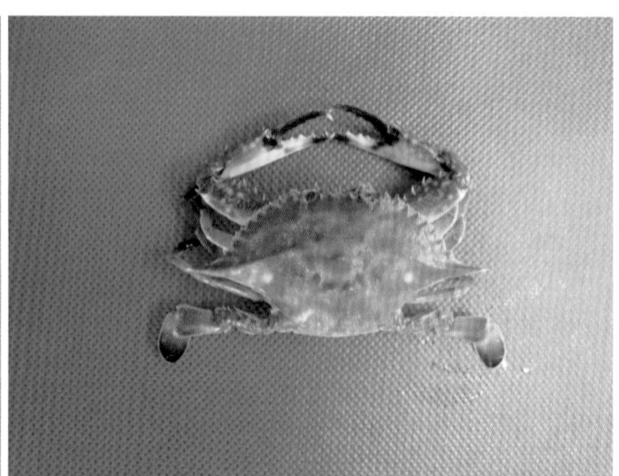

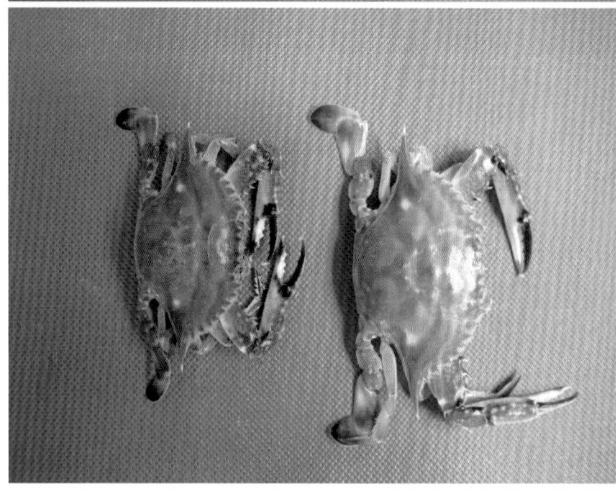

中文种名： 三疣梭子蟹

拉丁学名： *Portunus trituberculatus*

分类地位： 节肢动物门 / 甲壳纲 / 十足目 / 梭子蟹科 / 梭子蟹属

识别特征： 雄性蓝绿色，雌性深紫色。头胸甲梭形，稍隆起，表面具分散颗粒，具 3 个疣状突起。额具 2 根锐刺，额缘具 3 根刺，具内外眼窝刺，前侧缘（包括外眼窝刺）共具 9 根刺，末刺锐长，伸向两侧，后侧缘向后收敛。螯足发达，长节棱柱形，前缘具 4 根锐刺，后缘末端具 1 根刺，腕节内、外缘末端各具 1 根刺，掌节长，背面 2 隆脊前端各具 1 根刺，与腕节交接处具 1 根刺，可动指背面具 2 条隆线，不动指内外侧面中部有 1 条沟，两指内缘具钝齿。步足扁平，前 3 对爪状，第 4 对桨状，前节与指节扁平，前缘具短毛。腹部雄性第 3 至第 5 节愈合，雌性腹部宽而扁，近圆形，第 1 腹肢基部 1/5 处膨大，其他趋细，末端针形。尾节钝三角形。

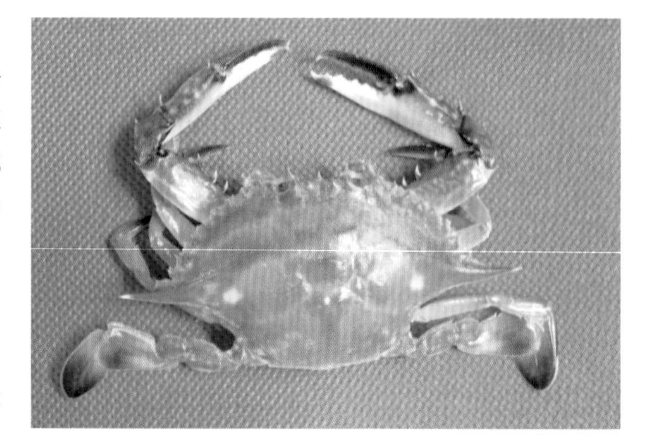

主要分布： 渤海、黄海、东海、南海及朝鲜半岛、日本、越南、马来西亚、红海海域。

照片来源： 拍摄样本采集于山东近岸渤海海洋保护区。

日本蟳 *Charybdis japonica*

中文种名： 日本蟳

拉丁学名： *Charybdis japonica*

分类地位： 节肢动物门 / 甲壳纲 / 十足目 / 梭子蟹科 / 蟳属

识别特征： 体背面灰绿色或棕红色。头胸甲横卵圆形，表面隆起，幼时具绒毛，成体光滑无毛。额稍突，额缘具 6 枚齿。具内外眼窝齿，腹内眼窝角突出，齿状，前侧缘（包括外眼窝齿）具 6 枚齿，末齿最锐，指向前侧方，后侧缘向后收敛。螯足发达，不等称，长节前缘具 3 枚壮齿；腕节内末角具 1 根壮刺，外侧面具 3 根小刺；掌节厚，内、外侧具 3 隆脊，背面具 5 枚齿；指节长于掌节，表面具纵沟。步足扁平，前 3 对爪状，第 4 对桨状，长节后缘近末端具一锐刺。雄性腹部呈三角形，雌性腹部宽扁，近圆形。第 1 腹肢末端细长，弯指向外方，末端具刚毛。尾节三角形。

主要分布： 渤海、黄海、东海、南海及朝鲜半岛、日本、马来西亚、澳大利亚、印度、红海等海域。

照片来源： 拍摄样本采集于山东近岸渤海海洋保护区。

双斑蟳 *Charybdis bimaculata*

中文种名： 双斑蟳

拉丁学名： *Charybdis bimaculata*

分类地位： 节肢动物门 / 甲壳纲 / 十足目 / 梭子蟹科 / 蟳属

识别特征： 体背面浅褐色，中鳃区有一黑色小斑点。头胸甲卵圆形，表面覆有浓密短绒毛和分散的低圆锥形颗粒。额稍突，额缘具 6 枚齿，第 2 枚侧齿小，几乎与内眼窝齿愈合。内眼窝齿宽大，外眼窝角叶瓣状，前侧缘具 6 枚齿，第 1 枚齿最大，末齿明显长，刺状，指向前侧方。螯足粗壮，不等称；长节前缘具 3 枚齿，后缘末端具 1 根小刺，背面后半部覆有鳞状颗粒；腕节内末角长刺状，外侧面具 3 根小刺；掌节背面具 2 条颗粒隆线，近末端各具 1 枚齿，外侧具 3 条颗粒隆线，内侧具 1 条；指节纤细，向内弯曲，内缘具大小不等壮齿，并拢时，指尖交叉。步足扁平，前 3 对爪状，第 4 对桨状，长节后缘近末端具一长刺。雄性腹部宽呈三角形，第 3 至第 5 节愈合，雌性腹部宽扁，近圆形。第 1 腹肢粗壮，末部外侧具长刺，内侧具小刺。尾节近圆锥形。

主要分布： 渤海、黄海、东海、南海及朝鲜半岛、日本、菲律宾、澳大利亚、印度、非洲东南岸等印度—太平洋海域。

照片来源： 拍摄样本采集于山东近岸渤海海洋保护区。

大眼蟹科 Macrophthalmidae

头胸甲大多方形，少数略呈球形。眼窝长而斜，几乎占头胸甲整个前缘，眼柄长而细。额窄，弯向腹面。第3颚足长节显著短于座节。雄性第1附肢直或稍弯。雄性生殖孔位于胸部腹甲。

我国发现2属19种，山东渤海海洋保护区海域发现1属2种。

宽身大眼蟹 *Macrophthalmus dilatatum*

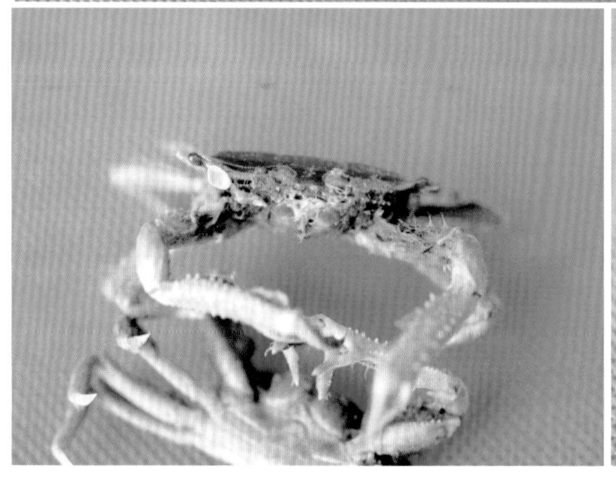

中文种名： 宽身大眼蟹

拉丁学名： *Macrophthalmus dilatatum*

分类地位： 节肢动物门 / 甲壳纲 / 十足目 / 大眼蟹科 / 大眼蟹属

识别特征： 体灰褐色。肝区与鳃区及鳃区之间各具一横沟，胃区近方形，心区横长方形。头胸甲宽约为长的2.5倍，表面具颗粒，侧缘具长刚毛，前侧缘包括外眼窝齿，共3齿，外眼窝齿与第2齿几乎合并。额窄而突出，眼窝宽，背缘具颗粒，腹缘具1列齿。眼柄细长。螯足对称，雄性长大，雌性短小；腕节内末角具2～3枚齿；掌节很长，背缘具6齿状突起，两指之间空隙大，可动指与掌节几乎垂直，内缘具不等大钝齿，不动指向内弯，内缘中部具一齿状突起。步足长节背缘具长刚毛。雄性腹部呈钝三角形，雌性腹部圆大，几乎覆盖整个胸部腹甲。

主要分布： 渤海、黄海、东海、南海及朝鲜半岛、日本海域。

照片来源： 拍摄样本采集于山东近岸渤海海洋保护区。

日本大眼蟹 *Macrophthalmus japonicus*

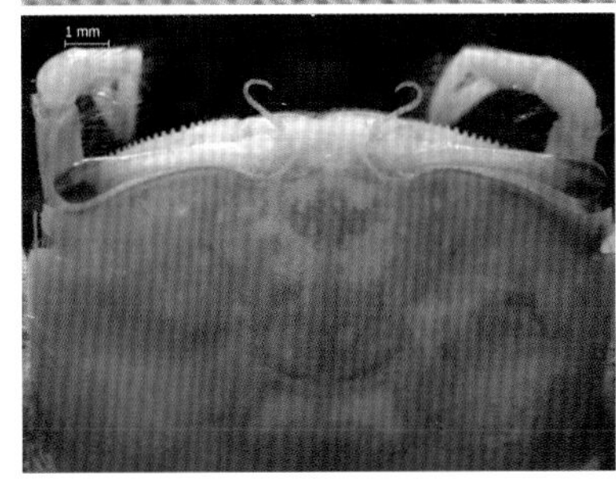

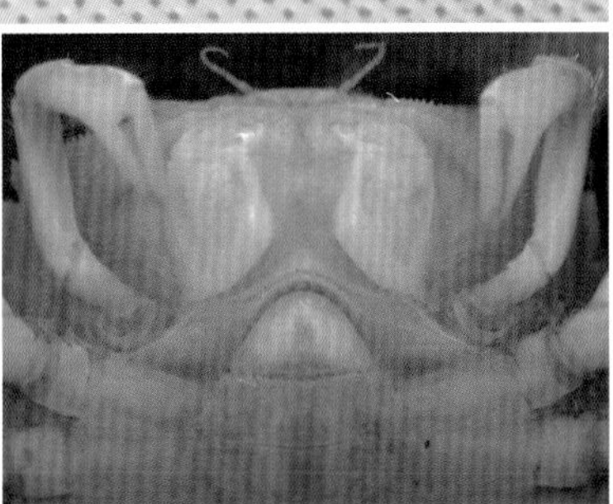

中文种名： 日本大眼蟹

拉丁学名： *Macrophthalmus japonicus*

分类地位： 节肢动物门 / 甲壳纲 / 十足目 / 大眼蟹科 / 大眼蟹属

识别特征： 体灰褐色。背面分区明显，鳃区有两条前后近平行浅沟，表面具颗粒，胃、心、肠区颗粒稀少，心、肠区连接呈 T 字形。头胸甲宽约为长的 1.5 倍，表面具颗粒及软毛。额窄，稍向下弯，表面中部有一纵痕。眼窝宽，背腹缘具锐齿，前侧缘包括外眼窝共 3 齿，边缘具颗粒，后侧缘具颗粒突起。眼柄细长。螯足对称，雄性长节内侧面及腹面密具短毛，两指向下弯，可动指内缘近基部具一横切形大齿，后半部具齿，不动指基半部粗，内缘具细齿。步足 4 对，指节扁平，前后缘具短毛，前 3 对长节背腹缘具颗粒及短毛，背缘近末端各具 1 枚齿，中间 2 对腕节背面具 2 条颗粒隆线。雄性腹部呈三角形，雌性腹部圆大。

主要分布： 渤海、黄海、东海、南海及朝鲜半岛、日本、新加坡、澳大利亚海域。

照片来源： 拍摄样本采集于山东近岸渤海海洋保护区。

弓蟹科 Varunidae

头胸甲近方形，额缘较宽、较直。螯足及步足粗壮。第 3 颚足覆盖整个口框，之间无斜方形空隙。螯足及步足粗壮。外肢一般很宽。雄性生殖孔位于胸部腹甲上。

我国发现 19 属 43 种，山东渤海海洋保护区海域发现 2 属 2 种。

绒螯近方蟹 *Hemigrapsus penicillatus*

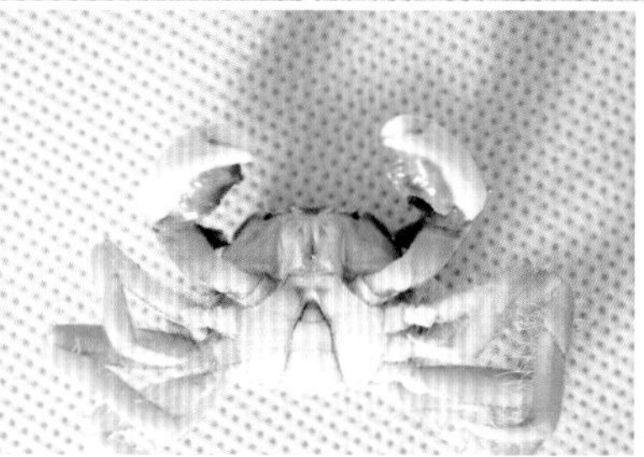

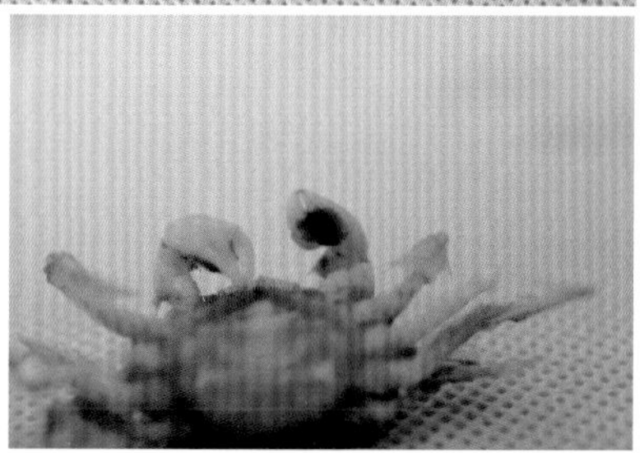

中文种名： 绒螯近方蟹

拉丁学名： *Hemigrapsus penicillatus*

分类地位： 节肢动物门 / 甲壳纲 / 十足目 / 弓蟹科 / 近方蟹属

识别特征： 体深棕色间杂淡色斑点，螯内侧及腹面乳白色，螯足之可动指红棕色。前半部各区均具颗粒，肝区低凹，前胃及侧胃区隆起，被一纵沟分隔，前鳃区前围具 5 个凹点。头胸甲方形，前半部稍宽，表面具细凹点。额较宽，前缘中部稍凹。下眼窝脊内侧具 6 ～ 7 枚颗粒，外侧具 3 枚钝齿状突起，前侧缘具 3 齿。螯足对称，雄性较大，长节腹缘近末部具一隆脊；腕节隆起具颗粒；掌节大，外侧面具 1 颗粒隆线，近两指基部具 1 丛绒毛，两指内缘具不规则钝齿。步足 4 对，长节背缘近末端具 1 枚齿；腕节背面具 2 条颗粒隆线，前节背面具小束短刚毛，指节具 6 列短刚毛。雄性腹部呈三角形，雌性腹部呈圆形。

主要分布： 渤海、黄海、东海、南海及朝鲜半岛、日本海域。

照片来源： 拍摄样本采集于山东近岸渤海海洋保护区。

中华绒螯蟹 *Eriocheir sinensis*

中文种名： 中华绒螯蟹

拉丁学名： *Eriocheir sinensis*

分类地位： 节肢动物门 / 甲壳纲 / 十足目 / 弓蟹科 / 绒螯蟹属

识别特征： 头胸甲背面草绿色或墨绿色，腹面灰白色。额及肝区凹降，胃区前部有6对称突起，均具颗粒，胃区与心区分界明显，前者周围有凹点。头胸甲近方形，后半部稍宽，背面隆起。额宽，分4齿。眼窝上缘近中部突出，三角形，前侧缘具4齿，具一隆线，后侧缘具一隆线。螯足对称，雄性较大；掌节与指节基部内外密生绒毛；腕节内末角和长节背缘近末端各具一锐刺。步足4对，长节背缘近末端具一锐刺；腕节与前节背缘具刚毛，后3对步足扁平，第4对前节与指节基部背腹缘密具刚毛。雄性腹部呈三角形，雌性腹部呈圆形。

主要分布： 渤海、黄海、东海、南海及朝鲜半岛西岸、欧洲、美洲北部沿海。

照片来源： 拍摄样本采集于山东近岸渤海海洋保护区。

枪乌贼科 Loliginidae

胴部圆锥形，后部削直，肉鳍较大，端鳍型，位于胴后，两鳍相接多呈纵菱形，少数周鳍型。腕10只。腕吸盘2行，侧膜不发达，雄性左侧第4腕茎化；触腕穗吸盘4行排列，不特化成钩。少数种类具发光器，位于直肠附近。闭锁槽略呈纺锤形。内壳角质，披针叶形。

我国发现3属13种，山东渤海海洋保护区海域发现1属1种。

日本枪乌贼 *Loliolus japonica*

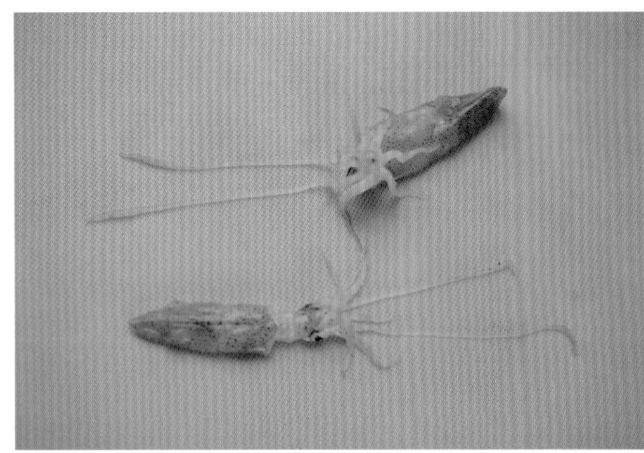

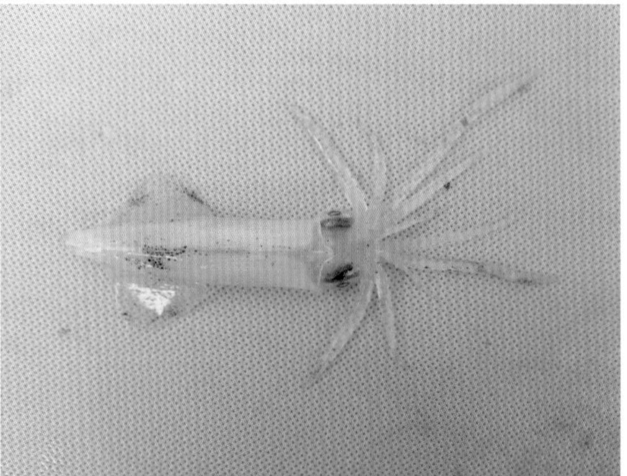

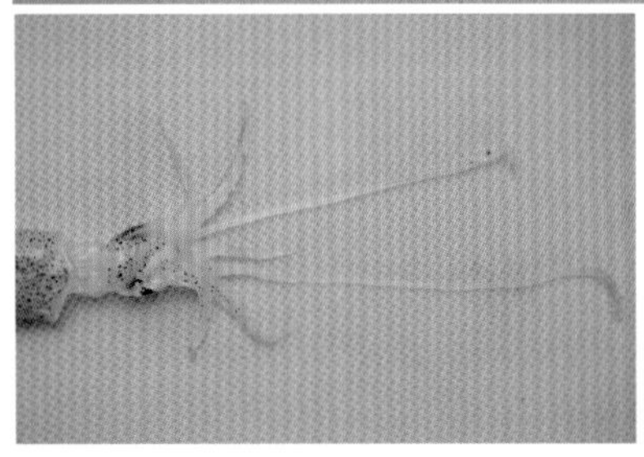

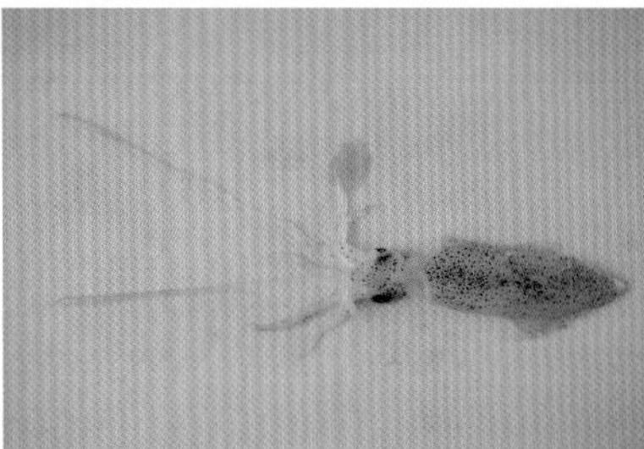

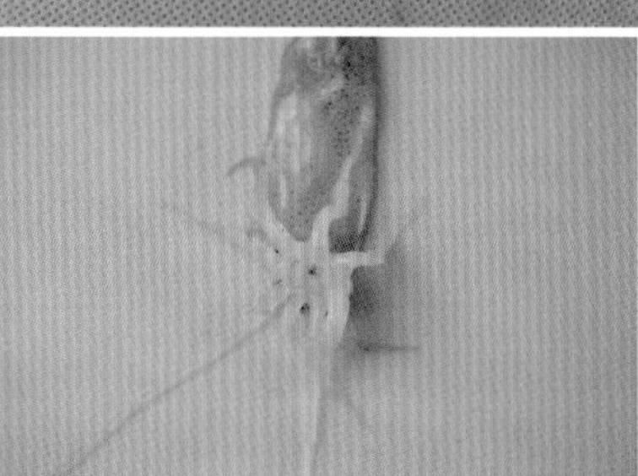

中文种名： 日本枪乌贼

拉丁学名： *Loliolus japonica*

分类地位： 软体动物门 / 头足纲 / 枪形目 / 枪乌贼科 / 拟枪乌贼属

识别特征： 体表具大小相间浓密近圆形斑点。胴部圆锥形，后部削直，胴长约为胴宽的 4 倍。鳍长超过胴长的 1/2，后部内弯，两鳍相接略呈纵菱形。无柄腕 4 对，长度不等。腕吸盘 2 行，吸盘角质环具 7 ～ 8 枚宽板齿。雄性左侧第 4 腕茎化，顶端吸盘特化为 2 行尖形突起。触腕 1 对，触腕穗吸盘 4 行，中间 2 行略大，边缘、顶部和基部者略小。大吸盘角质环具宽板齿约 20 枚，小吸盘角质环具很多大小相近的尖齿。

主要分布： 渤海、黄海、东海及日本、泰国海域。

照片来源： 拍摄样本采集于山东近岸渤海海洋保护区。

耳乌贼科 Sepiolidae

胴部短，后端圆，略呈球状。肉鳍近圆形，为中鳍型，分列于胴的两侧中部。头部和胴部在背面愈合或分离。腕 10 只。腕吸盘 2 行或 4 行。雄性左侧第 1 腕或第 4 腕茎化，为生殖腕。触腕穗吸盘小而密，个别种类具腺体发光器。闭锁槽椭圆形，多数种类内壳退化或不发达。

我国发现 8 属 13 种，山东渤海海洋保护区海域发现 1 属 1 种。

双喙耳乌贼 *Sepiola birostrata*

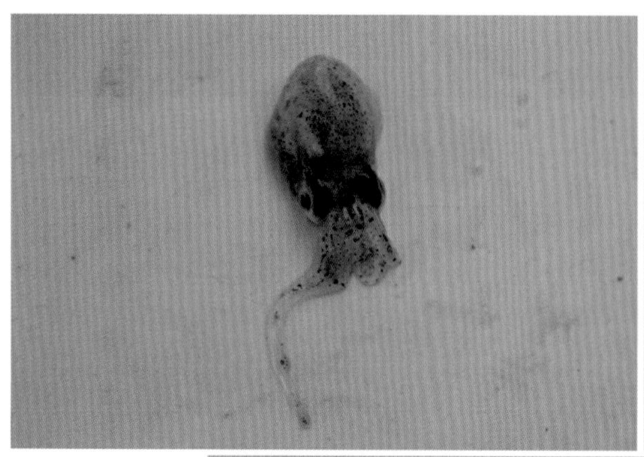
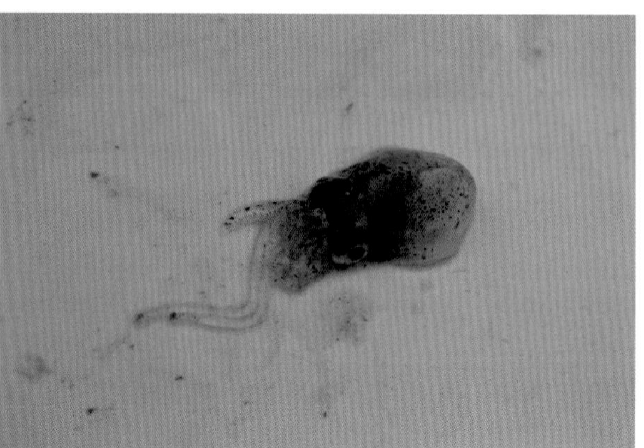
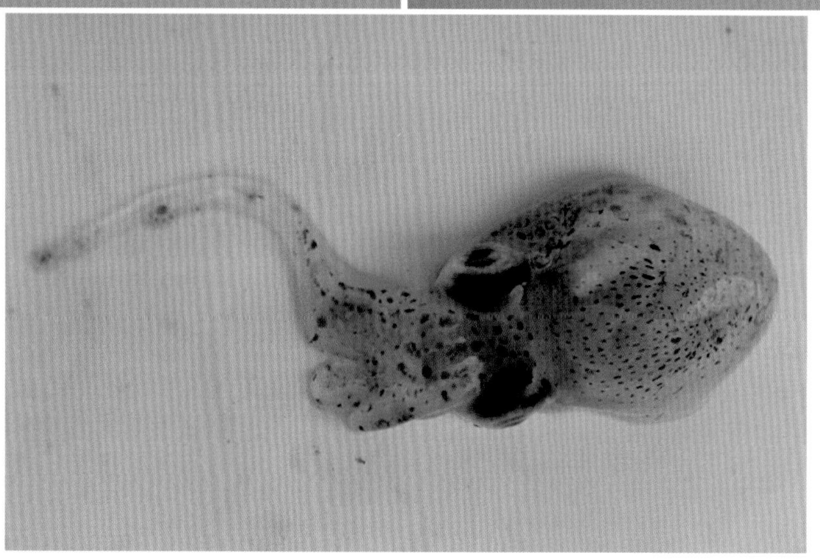

中文种名：双喙耳乌贼

拉丁学名：*Sepiola birostrata*

分类地位：软体动物门 / 头足纲 / 乌贼目 / 耳乌贼科 / 耳乌贼属

识别特征：体小型，胴部圆袋状，胴长约为胴宽的 1.4 倍。除鳍与漏斗外，体表具大小不等、紫褐色斑点。肉鳍较大，近圆形，位于胴部两侧中部，状如两耳。头大，眼凸出。无柄腕 4 对，长度不等。雄性第 3 对腕特粗。各腕具吸盘 2 行，呈球形，角质环不具齿。雄性左侧第 1 腕茎化，较对应右侧腕粗而短，基部具 4 ～ 5 个小吸盘，前方靠外侧边缘有 2 个弯曲的喙状肉突。触腕 1 对，触腕穗膨突，短小，吸盘极小，约 10 余行，呈细绒状。

主要分布：渤海、黄海、东海、南海及俄罗斯、日本海域。

照片来源：拍摄样本采集于山东近岸渤海海洋保护区。

蛸科 Octopodidae

胴部卵圆形或卵形，无鳍。外套腔口狭，体表一般不具水孔。腕 8 只；腕长，可达胴长的几倍。腕吸盘通常 2 行，少数 1 行或 3 行，腕间膜多狭短。雄性右侧或左侧第 3 腕茎化，顶部特化为端器。闭锁器退化。漏斗器呈 W 形或 VV 形。齿舌为多尖型齿或少尖型齿。内壳退化，背部两边仅余小侧针。

我国发现 3 属 19 种，山东渤海海洋保护区海域发现本科 1 属 2 种。

短蛸 *Octopus fangsiao*

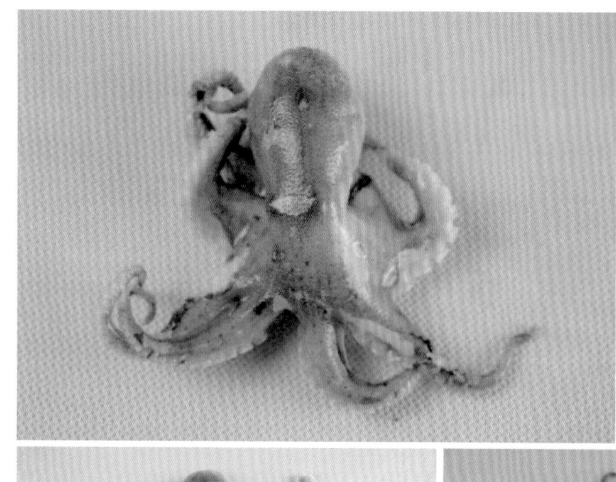

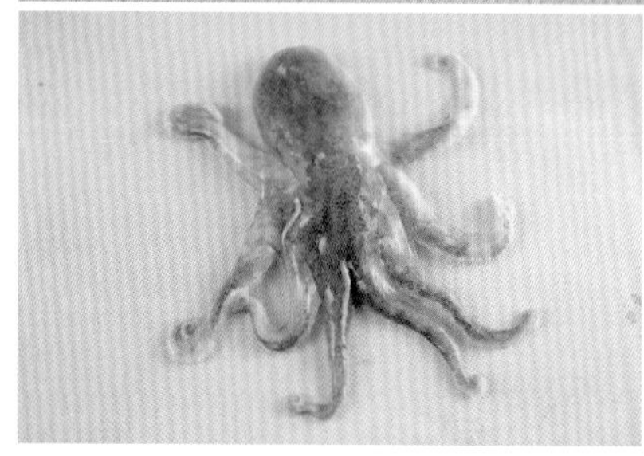

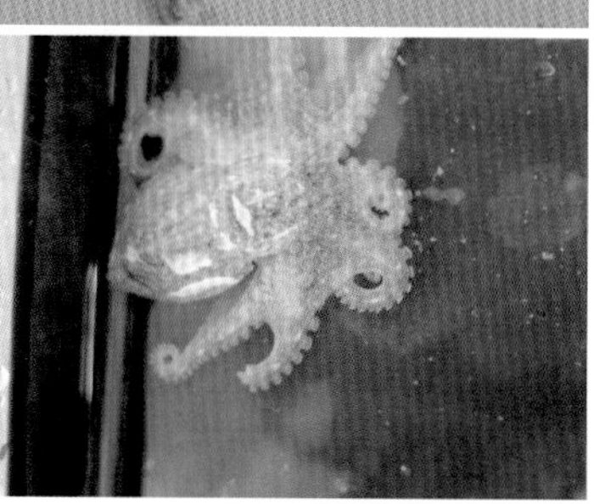

中文种名： 短蛸

拉丁学名： *Octopus fangsiao*

分类地位： 软体动物门 / 头足纲 / 八腕目 / 蛸科 / 蛸属

识别特征： 眼前方体表具近椭圆形的大金圈，背面两眼间有一明显近纺锤形浅色斑。胴部卵圆形。腕短，长度为胴长的 3 ~ 4 倍。腕 4 对，长度相近。腕吸盘 2 行，雄性右侧第 3 腕茎化，较对应左侧腕短，端器锥形。漏斗器呈 W 形。

主要分布： 渤海、黄海、东海、南海及朝鲜半岛、日本海域。

照片来源： 拍摄样本采集于山东近岸渤海海洋保护区。

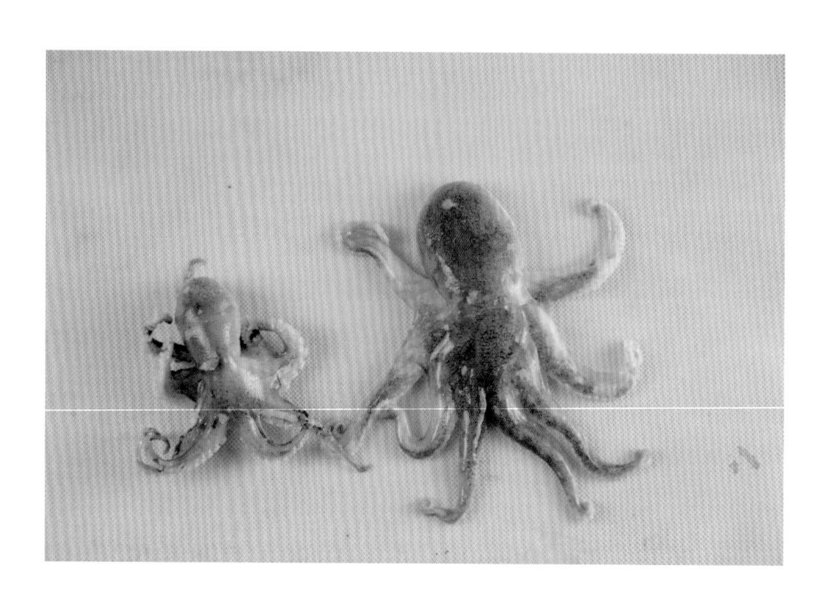

长蛸 *Octopus minor*

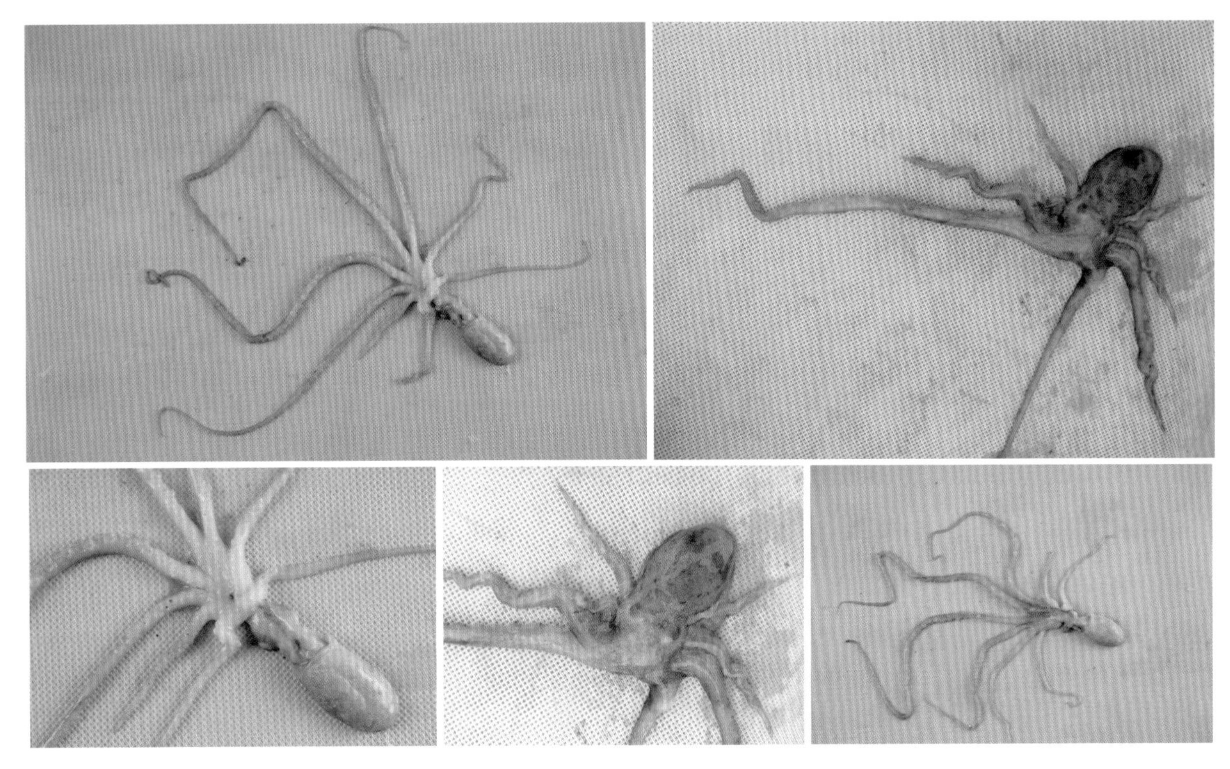

中文种名： 长蛸

拉丁学名： *Octopus minor*

分类地位： 软体动物门 / 头足纲 / 八腕目 / 蛸科 / 蛸属

识别特征： 体表光滑，具极细斑点。胴部长卵形。腕长，长度为胴长的 6 ～ 7 倍。腕 4 对，长度不等，第 1 对粗长，各腕具吸盘 2 行，雄性右侧第 3 腕茎化，甚短，端器匙形，大而明显。漏斗器呈 VV 形，中间长。

主要分布： 渤海、黄海、东海、南海及日本海域。

照片来源： 拍摄样本采集于山东近岸渤海海洋保护区。

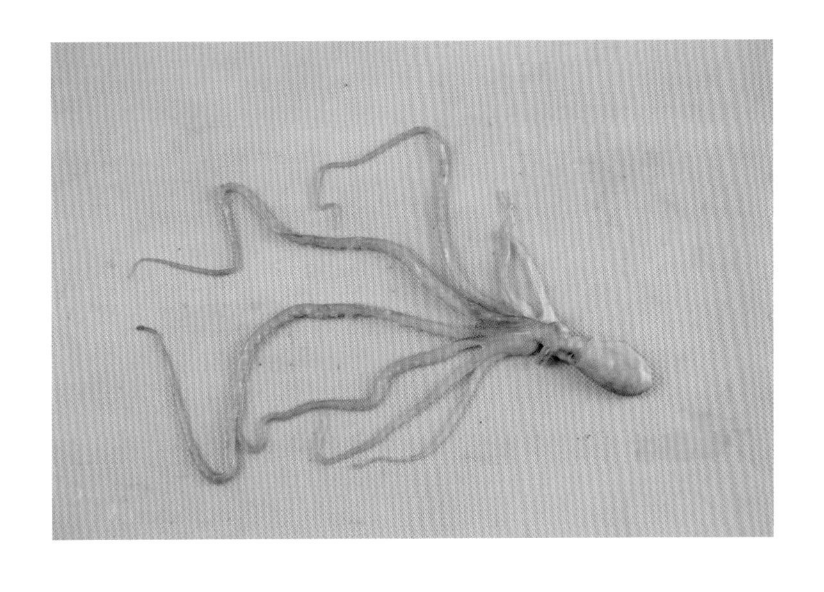

索　引

索 引